算法驱动
工业机器人参数标定
与智能优化

ALGORITHM-DRIVEN:
PARAMETER CALIBRATION AND
INTELLIGENT OPTIMIZATION FOR INDUSTRIAL ROBOTS

郭艺璇　李　虎　付成龙◎著

化学工业出版社

·北京·

内容简介

在工业机器人系统中，精确恰当的参数是影响综合性能，实现高效化作业的关键。为了充分发挥工业机器人的性能潜力，本书系统讲解工业机器人运动学参数标定和控制参数智能优化方法，即通过辨识精确的模型参数，配置恰当的控制参数，提高工业机器人的运动控制性能，推动工业机器人高自动化、高智能化转型升级。

书中阐释了面向工业机器人参数优化的典型智能计算方法、基于粒子群算法的机器人末端测量仪器参数标定方法、基于 LSM-PSO 算法的机器人运动学参数标定方法、基于约束蝙蝠算法的机器人控制参数离线优化方法、基于模糊计算的机器人控制参数在线优化方法等，并通过实际案例介绍了工业机器人参数标定与优化的实践。

本书可供机械工程、自动化工程领域的师生学习使用，也可供从事工业机器人相关工作的工程师参考和阅读。

图书在版编目（CIP）数据

算法驱动：工业机器人参数标定与智能优化 / 郭艺璇，李虎，付成龙著. -- 北京：化学工业出版社，2025. 6. -- ISBN 978-7-122-47672-2

Ⅰ. TP242.2

中国国家版本馆 CIP 数据核字第 2025HQ4561 号

责任编辑：于成成　李军亮
文字编辑：袁　宁　袁玉玉
责任校对：边　涛
装帧设计：王晓宇

出版发行：化学工业出版社
　　　　　（北京市东城区青年湖南街 13 号　邮政编码 100011）
印　　装：三河市君旺印务有限公司
787mm×1092mm　1/16　印张 8½　字数 189 千字
2025 年 8 月北京第 1 版第 1 次印刷

购书咨询：010-64518888
售后服务：010-64518899
网　　址：http://www.cip.com.cn
凡购买本书，如有缺损质量问题，本社销售中心负责调换。

定　　价：99.00 元　　版权所有　违者必究

工业机器人是现代制造业自动化的基础和智能制造装备的典型代表，广泛应用于计算机、通信、消费电子等领域，是现代制造业的重要支柱。运动控制系统是工业机器人的重要组成部分，其性能直接决定了机器人的应用范围和场景，本书以提升工业机器人运动控制性能为目标，重点介绍运动控制系统参数智能优化方法。

本书内容分为五大部分。第一部分为第1章绪论，介绍工业机器人运动学参数标定和控制参数优化方法的发展现状。第二部分为第2章，介绍面向工业机器人参数优化的典型智能计算，包括深度优先搜索算法、粒子群优化算法、差分进化算法、蝙蝠算法和模糊计算。第三部分是基于智能算法的机器人运动学参数标定，包含第3~4章。第3章主要介绍基于粒子群算法的机器人末端测量仪器参数标定；第4章主要介绍基于LSM-PSO算法的机器人运动学参数标定。第四部分是基于智能算法的机器人控制参数优化，包含第5~6章。第5章主要介绍基于约束蝙蝠算法的机器人控制参数离线优化；第6章主要介绍基于模糊计算的机器人控制参数在线优化。第五部分为第7章工业机器人参数标定与优化实践，主要介绍基于智能算法的运动学参数标定和控制参数优化实例。

本书由郭艺璇、李虎、付成龙撰写，唐小琦和宋宝教授对本书的撰写提出了宝贵的意见。

由于作者水平有限，书中难免存在一些不足之处，敬请读者批评指正。

著者

目录
CONTENTS

　　工业机器人以高效率、高柔性、高自动化的优点广泛应用于"3C"（计算机、通信和消费电子产品）制造、机械加工、航天航空等领域，同时，其结合不同行业特点正在迅速向军事、救援、医疗、建筑等新兴应用领域渗透和融合，如图 1-1 所示。可以说，工业机器人是现代制造业自动化的基础和智能制造装备的典型代表。

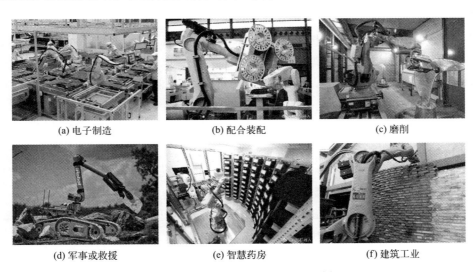

| (a) 电子制造 | (b) 配合装配 | (c) 磨削 |
| (d) 军事或救援 | (e) 智慧药房 | (f) 建筑工业 |

图 1-1　六关节工业机器人应用示例

　　运动控制系统是工业机器人的重要组成部分，负责规划、监控和执行机器人的运动任务。工业机器人运动控制系统通常由运动控制器、伺服驱动器、执行器、传感器、人机交互接口等组件构成。运动控制器与伺服驱动器合称机器人的控制机构，分别对应人类的大脑和小脑，负责处理源自传感器、人机交互接口的输入信息，执行运动规划、运动控制和各种算法，并发送控制信号给机器人执行器以实现所需的运动。运动控制系统的性能直接影响工业机器人的作业能力。较低的运动性能会使得工业机器人难以完成高精度的制造、装配和测量等任务，进而限制工业机器人向高自动化和高智能化方向转型升级。

在软硬件结构确定后，机器人系统的可调参数成为影响综合性能的关键因素。这些参数可以根据机器人的结构和运动方式而有所不同，但通常包括以下两类：模型参数和控制参数。

机器人的模型参数通常是指描述机器人运动和动力学特性的参数，获取准确的模型参数对于建立机器人的数学模型，进行运动规划、动力学仿真以及控制算法设计都至关重要。在工业应用中，百分之八九十的机器人位置误差是由名义运动学参数与实际运动学参数不一致导致的。机器人的模型参数通常包括（但不限于）以下几类：

- 几何参数（geometric parameters）：描述机器人结构和几何形状的参数，如连接的长度、质心位置、关节的旋转轴位置等。
- 动力学参数（dynamics parameters）：描述机器人运动过程中所受的力和力矩对其运动状态影响的参数，如惯性、质量、重心位置等。
- 运动学参数（kinematic parameters）：描述机器人末端执行器相对于关节空间的位置和姿态的参数，如转动角度、位置坐标等。
- 关节参数（joint parameters）：描述机器人各个关节的特性，如关节的转动范围、速度限制、加速度限制等。
- 传感器参数（sensor parameters）：描述机器人所配备的传感器的特性参数，如分辨率、灵敏度、测量范围等。

机器人控制参数是指在控制机构中设置的用于调整和优化机器人运动控制的参数，通常由工程师根据机器人具体的应用需求进行调节和优化，以确保机器人能够在工作过程中稳定、高效地运动。根据来源不同，机器人控制参数可以分为运动控制器参数和伺服驱动器参数，包括（但不限于）以下几类：

- 运动规划参数（motion planning parameters）：包括机器人运动的最大速度、加速度、最大角速度等，用于规划机器人的运动轨迹。
- 控制增益（control gains）：包括 PID 控制器的参数，如位置控制、速度控制或力/力矩控制的比例增益、积分时间常数、微分时间常数等。
- 碰撞检测参数（collision detection parameters）：用于设置机器人碰撞检测算法的灵敏度、检测时间间隔等，以确保机器人运动安全。
- 安全限制参数（safety limit parameters）：用于设置机器人运动的安全限制，例如关节速度限制、位置限制、碰撞检测的临界值等。
- 其他控制系统参数（other control system parameters）：例如通信协议、采样周期、控制算法参数等。

工业机器人参数标定与智能优化研究旨在通过辨识精确的模型参数，配置恰当的控制参数，提高工业机器人的运动控制性能和生产效率，实现智能化、高效化的工业生产。研究具体包括两个关键内容：机器人参数标定、机器人控制参数智能优化。机器人参数标定是指根据实际测量数据，确定机器人模型中的几何参数、运动学参数、传感器参数等各种参数，使机器人模型尽可能地与实际系统一致，从而为后续规划与控制奠定基础。机器人控制参数的智能优化是指利用智能算法和优化技术，自动调整和优化机器人控制参数的过程。机器人控制参数智能优化可以帮助机器人获得与工作环境和任务相匹配的运动性能，从而提高作业效率、作业精度和稳定性。

1.1　工业机器人运动学参数标定

　　围绕着工业机器人的运动学参数标定，一般对以下四个环节展开研究，即运动学误差参数建模、机器人末端位姿测量、运动学参数误差辨识及运动学参数误差补偿，并可增加标定效果验证步骤。它们之间的关系如图 1-2 所示，其中，测量方法和辨识方法关系着标定的精度和效率，尤为重要，本书将着重阐述这两个部分。

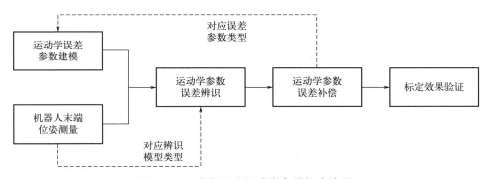

图 1-2　工业机器人运动学参数标定流程

1.1.1　工业机器人末端位姿测量

　　工业机器人末端位姿的测量信息将直接用于运动学参数的辨识。如图 1-3 所示，根据辨识模型所需测量信息类型的不同，可大致将用于运动学参数标定的测量分为三类：六维位姿测量、约束测量和部分位姿测量。其中，部分位姿测量中的三维位姿测量在实际中的应用最为广泛，也是目前研究机器人标定文献中采用最多的测量方法。

　　① 六维位姿测量获取机器人末端的六维信息，包括位置和姿态。可在位置测量的基础上增加姿态测量部件组成位姿测量仪器，如 Creaform 公司的 C-Track ＋ TRUaccurac、HEXAGON 公司的 Laser Tracker＋T-Mac、API 公司的 Laser Tracker＋ SmartTRACK。也可利用单个传感器设计六维位姿测量仪器，如文献 [1] 利用单个双球杆仪，通过变换球杆仪位置获取机器人末端位姿，如图 1-4 所示。

　　② 部分位姿测量只需要部分的位姿信息即可成功标定工业机器人，相比于位姿测量方法，部分位姿测量方法所需测量仪器价格较低。部分位姿测量方法可大致分为一维径长测量方法和三维位姿测量方法。

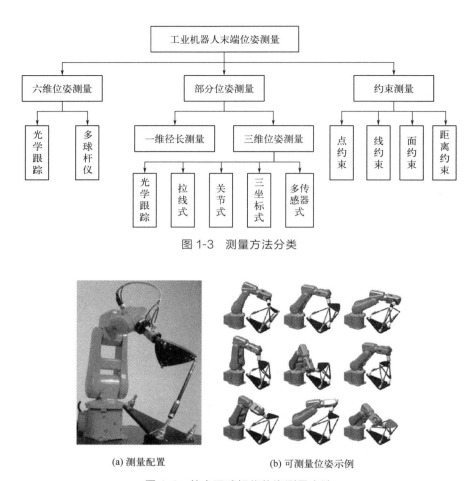

图 1-3　测量方法分类

(a) 测量配置　　　　　　　(b) 可测量位姿示例

图 1-4　单个双球杆仪位姿测量方法

一维径长测量方法所需仪器体积小、灵活度高。如图 1-5(a) 所示，文献［2］使用双球杆仪的径长信息标定机器人，双球杆仪具有精度高、快速及可连续测量的优点，但是其伸缩范围较小。如图 1-5(b) 所示，Dynalog 公司的一维 DynaCal 系统增加了径长量程，但只适用于校准机器人的关节零位误差，较多参数的误差校准需要使用其三维 CompuGauge 系统。

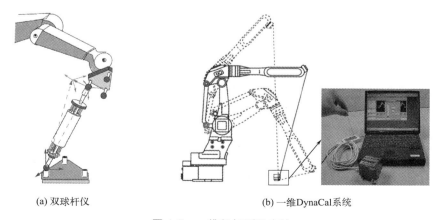

(a) 双球杆仪　　　　　　　　　　　(b) 一维DynaCal系统

图 1-5　一维径长测量方法

三维位姿测量方法可同时将采集到的位置信息用于标定工业机器人及标定后的精度评估。如图 1-6 所示，较为成熟的位置测量系统，除了光学跟踪仪和激光跟踪仪外，主要还有 Dynalog 公司的 CompuGauge 系统、无驱动关节测量臂、三坐标测量仪、三维激光视觉扫描仪、视觉 ROSY 系统、LaserLAB 系统等。无驱动关节测量臂的精度与激光跟踪仪的精度相当，但是需要人工拖动，自动化程度较低。三坐标测量仪的精度（μm 级）远高于激光跟踪仪，但其便携性远不如激光跟踪仪，不适合大规模使用。CompuGauge 系统具有价格适中和可移动性好的优点，且可以在较大的测量空间取得较好的测量精度，适合标定一般精度的工业机器人。

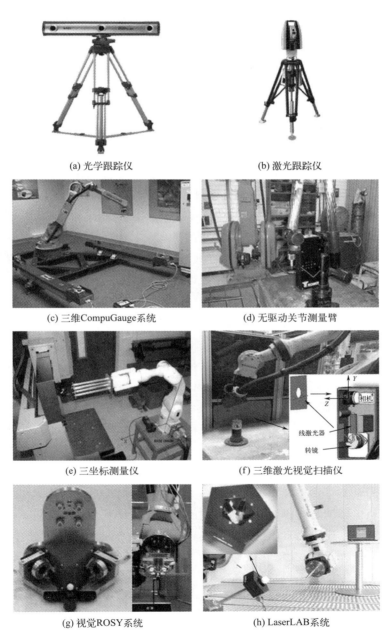

(a) 光学跟踪仪　　　　　　　　　　　(b) 激光跟踪仪

(c) 三维CompuGauge系统　　　　　　(d) 无驱动关节测量臂

(e) 三坐标测量仪　　　　　　　　　　(f) 三维激光视觉扫描仪

(g) 视觉ROSY系统　　　　　　　　　(h) LaserLAB系统

图 1-6　位置测量仪器

③ 约束测量通常采用点、线、面、距离等几何关系对工业机器人末端位置实施物理约束，如图 1-7 所示。实现约束的装置通常比较廉价，如尖点[3]、相机光轴[4]、激光束[5]、PSD（position sensitive detector）[6]、精密球[7] 等。

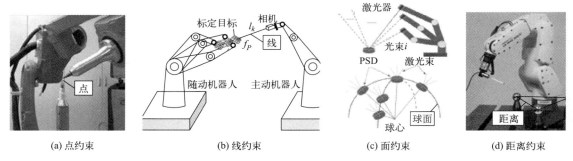

| (a) 点约束 | (b) 线约束 | (c) 面约束 | (d) 距离约束 |

图 1-7　约束测量方法

1.1.2　工业机器人运动学参数辨识

辨识方法对标定精度起着十分关键的作用。商用测量系统如徕卡激光跟踪仪，配备的辨识算法是独立的软件模块。另外，针对不同测量仪器的辨识算法也被广泛开发，如 RoboD 软件中面向激光跟踪仪测量的标定模块、BlueWrist 的 KinOptim 辨识软件等。通过辨识算法估计满足目标函数的最佳参数数值实现参数的辨识，其中的目标函数为辨识模型的优化表达形式。ISO 标准[8] 和 GB/T 标准[9] 将与机器人位置相关的精度分为位置精度和位置距离精度。下面将针对位置误差辨识模型和距离误差辨识模型进行介绍。

（1）位置误差辨识模型

位置误差辨识模型通过将机器人末端位置误差作为已知量辨识运动学误差参数。末端点的位置误差为其名义位置与实际位置之间的差值，其中，名义位置通过名义运动学模型计算得到，实际位置通过测量系统测量得到。测量得到的位置是以测量系统坐标系为基准，需要将其统一至基坐标系下才可计算位置误差。因此，需要确定基坐标系（手）与测量坐标系（眼）的关系，即标定手眼参数。手眼标定方法分为直接标定法、统一模型法和轴线法三大类。通常，可以采用直接标定法，实现在假设机器人精度较好的前提下标定手眼参数，但是机器人本体的误差将影响手眼标定精度。文献［10］估计了手眼位置矩阵，并用于标定并联机器人的运动学误差参数。统一模型法建立包含手眼误差参数和运动学误差参数的辨识模型，并进行统一辨识。文献［11］通过克罗内克积变换和名义运动学得到了手眼变换矩阵的初值，并用于运动学参数误差和手眼参数误差的辨识，最终利用初值和辨识的误差重新计算手眼参数矩阵。轴线法利用关节轴线的采样点拟合关节的空间向量，由此建立连杆坐标系，并得到连杆及手眼参数。

（2）距离误差辨识模型

1991 年，文献［12］提出了距离误差辨识模型，通过将工业机器人末端两测量点间的距离误差作为已知量辨识运动学参数误差。该模型可以避免位置误差辨识模型中的手眼关系误差，由于距离是标量，与坐标系无关，测量系统测得的末端点间距离即实际距离，不需要对测量坐标系和基坐标系进行转换。

1.1.3　工业机器人运动学参数补偿

不同的补偿方式对应着不同的待辨识参数类型。补偿方法可分为三大类：机械对准补偿法、关节角补偿法和控制器补偿法。

① 关节角补偿法一般会标定全部的运动学参数，且不局限所使用的运动学模型，如图 1-8 所示，其将理想位姿和实际位姿的误差映射至机器人关节空间，偏移关节补偿量使机器人末端到达目标位置。文献［13］连通了工业数控和机器人伺服驱动器的通道，形成路径规划、在线测量、关节补偿、末端驱动的闭环控制系统，实时地校准机器人轨迹，提高了机器人铣削加工精度。

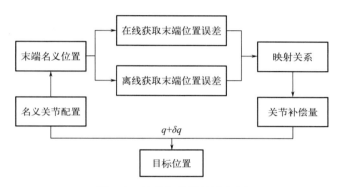

图 1-8　关节角补偿法流程图

② 控制器补偿法通过修改机器人控制器中运动学误差参数的名义值实施补偿。然而，并不是所有的运动学参数误差都能在控制器中得到补偿。能否补偿至控制器取决于该参数是否为变量，若在运动学反解模型中为变量，则可以在控制器中修改并补偿，反之则不可以。控制器补偿法通过直接修改控制器中运动学参数值的方式，使得控制器中名义的运动学模型接近实际的运动学模型，形成运动空间和关节空间的补偿闭环，如图 1-9（a）所示。工业机器人完成控制器补偿后仍可正常运行。然而，非控制器补偿法只能从机器人的关节空间补偿到运动空间，如图 1-9（b）所示。

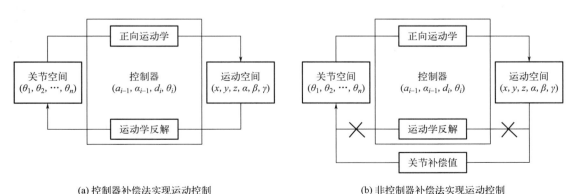

(a) 控制器补偿法实现运动控制　　　　　　　　(b) 非控制器补偿法实现运动控制

图 1-9　控制器补偿法与非控制器补偿法的对比

1.2 机器人控制参数智能优化

控制参数优化是确保机器人控制系统性能最佳化的关键环节之一。在设计过程中，通常会选择一组初始参数，然后通过模拟、仿真或实际试验来评估系统的性能。但是，初始参数通常不是最优的，因此需要进行参数优化以找到最佳的参数组合，使系统达到设计要求并实现最佳性能。

机器人控制参数优化策略主要可以分为两类：参数离线优化以及参数在线优化。参数离线优化是指在机器人系统运行之前，根据作业场景、作业任务和性能需求对控制器参数进行配置和调整。参数在线优化是指在机器人系统运行过程中，根据运行环境、运行状态的变化，自动调整控制器参数，常适用于机器人系统的运行工况会动态变化的场合。同时，机器人控制参数优化方法又可以根据是否需要精确的数学模型而分为基于模型和基于无模型的优化方法。

在参数优化过程中，首先需要明确定义优化的目标函数，以及可能存在的约束条件。优化目标函数是衡量系统性能的指标，它可以是需要最小化或最大化的量，如误差、稳定性指标、能耗等。约束条件是限制优化过程中参数取值范围的条件，这些条件可以来自系统的物理特性、安全要求或者其他限制。约束条件可以包括等式约束和不等式约束。然后，根据目标函数、约束条件和待优化参数，将机器人控制参数优化问题形式化为一个数学优化问题，通常是一个最小化或最大化目标函数的数学表达式，带有相应的约束条件。根据问题的性质和特点，选择适合的优化算法，对优化问题进行求解，得到最优的参数组合，使得目标函数达到最小值或最大值，同时满足约束条件。由此，优化参数可以使机器人控制系统在各种工作条件下表现更稳定、更高效、更准确，从而提高机器人的性能和可靠性。

传统上，优化问题是使用基于微积分的方法、基于随机的搜索或在某些情况下使用枚举搜索技术来解决。从广义上讲，此类经典优化算法通常可以分为导数方法和非导数方法，具体取决于优化过程中是否需要目标函数的导数。导数方法是基于微积分的方法，其基于梯度搜索（也称为最速搜索方法）。牛顿法、高斯-牛顿法、拟牛顿法、信赖域法和 Levenberg-Marquardt 法是此类技术的一些示例。这些经典优化算法曾经在优化领域占据主导地位。然而，当前机器人控制参数优化问题的求解面临一些新的挑战，例如，遇到的挑战包括涉及相当多局部最优解的问题、不连续的问题、由不同时间的系统评估而导致最优解变化的挑战，以及由搜索空间而产生的约束。这些限制使得经典优化算法无法探索所有可能的候选解决方案。

一种趋势是使用智能计算算法求解机器人控制参数优化问题，例如，进化算法、群体智能、模糊计算、神经网络等。这些算法能够有效地处理复杂的优化问题，适用于不同类型的机器人控制系统，并且通常能够在离线和在线两种情况下提供有效的优化解决方案。进化算法［如遗传算法（genetic algorithm，GA）、粒子群优化算法（PSO）等］和群体智能算法（如蚁群算法、人工鱼群算法等）适用于参数离线优化问题。这些算法通过模拟自然界中的进化和群体行为过程，搜索参数空间以找到最优解。它们通常具有较好的全局搜索能力，能够避免陷入局部最优解。而模糊计算和神经网络适用于参数在线优化问题。模糊控制系统可以处理模糊、具有不确定性的问题,适用于实时环境中需要快速响应的控制场景。神经网络则能够学习和适应环境,通过训练可以获得较好的控制性能,并且能够处理非线性、高度复杂的系统。智能计算算法普遍具有较高的效率和普遍的应用,具有较高的性能和较强的最优性驱动力。与直接搜索算法或梯度技术等经典优化算法相比,智能计算算法提供了鲁棒性或高水平的解决方案。

此外,根据优化目标的多少,基于智能计算的机器人控制参数优化算法可以分为单目标优化算法、多目标优化算法;根据优化问题的约束条件,又可以分为无约束优化算法、多约束优化算法。工业机器人系统存在多种不同类型甚至相互冲突的目标需要同时进行优化,同时需要兼顾多种类型的约束条件。因此工业机器人领域工程优化问题普遍为多目标、多约束优化问题。为解决上述问题,现有研究大致可以遵循两种思路:基于聚合的多目标多约束优化策略和基于 Pareto 排序的多目标多约束优化策略。

基于聚合的多目标多约束优化策略通过动态加权聚合将多目标优化问题转变为一组单目标优化问题,以约束违反量总和评估解的可行性。在迭代搜索过程中,基于约束违反量总和对候选参数采取惩罚、修复或舍弃等操作,迫使搜索逐渐收敛至可行域内。转化后的单目标被用于给定的解评估优劣,确定相对最优解。遵循这一理念,相应地提出了不同种类的约束优化算法,例如受分离主义方法启发的约束粒子群优化算法、结合 ε 约束方法的约束差分进化算法、具有可行规则的约束人工蜂群算法方法,以及基于惩罚函数的约束蝙蝠算法。基于约束违反量的惩罚函数通过惩罚不可行的解决方案引导搜索过程至可行域。

基于 Pareto 排序的多目标多约束优化策略特征在于将约束性能指标转化为目标函数,通过 Pareto 排列方案确定多目标下的非支配解以指引种群迭代进化。求解过程省略提前将性能偏好分配到每个目标的麻烦步骤。此外,所得解集不仅可获得满足多约束下的可行性,还可进一步实现 Pareto 最优。鉴于上述优势,目前已经提出了许多多目标元启发式算法,并成功地应用于解决多目标多约束的机器人控制参数优化问题。从搜索机制的角度来看,这些方法大致可分为两类:基于自然进化的多目标优化算法、基于群智能的多目标优化算法。相比于基于聚合的优化策略,基于 Pareto 排序的优化策略单次运行即可获得满足约束需求的最优解集,具有应用便捷、运行高效及灵活性强等特点。然而,确定一个合适的基于 Pareto 排序的优化策略对于最佳控制器设计来说并非是毫不费力的,它不仅需要高质量的解决方案,而且需要出色的收敛速度来提高生产效率。大多数现有算法很难在收敛和多样性之间、解决方案的质量和效率之间实现动态平衡。在实际控制系统中,尤其是多参数非线性系统中,不同的参数配置很容易导致局部最优解。为了弥补这一弱点,已有研究文献指出可以将自然进化算子引入到基于群智能的多目标优化算法中,构建混合搜索机制,以实现优势互补。

1.3　本书主要内容

本书的结构体系如图 1-10 所示。主要包括如下内容:

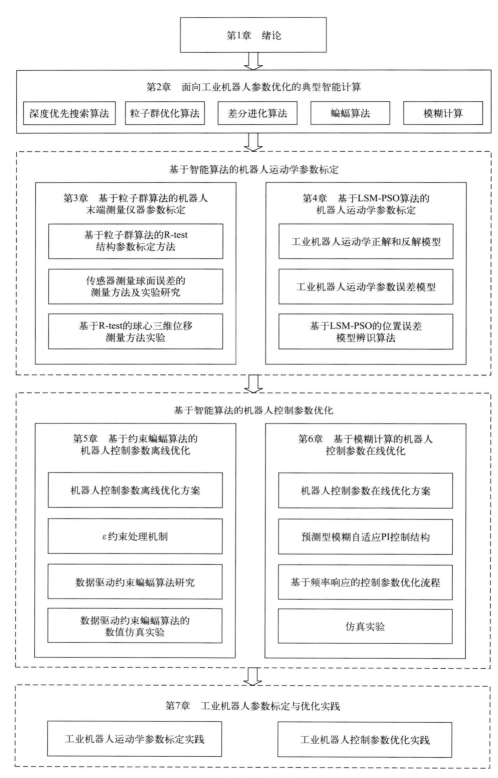

图 1-10 全书结构体系

第 1 章阐述了用于标定的工业机器人末端位姿测量方法、运动学参数辨识方法的国内外研究现状，简要描述了工业机器人误差参数补偿方法研究现状，以及机器人控制参数智能优化方法的发展现状。

第 2 章概述了工业机器人系统控制性能的几类定量性能指标与约束条件，介绍了几类常用的智能优化计算方法，如深度优先搜索算法、粒子群优化算法、差分进化算法、蝙蝠算法与模糊计算。

第 3 章针对机器人末端三维位姿测量仪器，介绍了通过基于粒子群算法标定测量仪器参数，提升测量仪器位置采样精度的方法。首先设计了基于正交位移的 R-test 测量仪及非冗余结构参数标定方法。然后，提出了间断获取同向三组位移的球心三维位移测量方法。最后，基于该测量仪器进行了机器人末端三维位姿测试实验。

第 4 章设计了基于 LSM-PSO 算法的机器人运动学参数标定方法。首先，根据 DH 法则建立工业机器人运动学正解和反解模型，进一步推导工业机器人的运动学参数误差模型。然后，设计了一种基于手眼位姿参数分离的运动学参数误差辨识模型，在此基础上，利用最小二乘和粒子群算法实现混合分步辨识。

第 5 章介绍了机器人控制参数的离线优化方案，在此基础上，针对离线优化过程中的约束问题与无精确代理模型问题，引入了 ε 约束处理机制，提出了一种数据驱动约束优化算法。

第 6 章以工业机器人伺服驱动系统为对象，以模糊计算为参数在线优化手段，介绍了工业机器人控制参数的典型在线优化方案，即模糊自适应 PI 控制。并从控制结构和参数优化流程两个方面，着重介绍了一种预测型模糊自适应 PI 控制方法。

第 7 章介绍了工业机器人参数标定与优化实践，提供了基于智能算法的运动学参数标定和控制参数优化实例，并附上相应智能算法的 Matlab 运行代码。

第2章

面向工业机器人参数优化的典型智能计算

工业机器人参数的优化需要同时面临快速响应、鲁棒性、低灵敏度、高精度和高效能源使用等方面的多种性能指标与约束条件，以满足应用对象日益增长的综合性能需求。为了便于利用智能优化计算方法对机器人参数优化问题进行求解，工业机器人控制系统的性能与约束需要进行定量表征与处理。智能计算方法具有不依赖于特定问题的独特优势。原则上，现存的大部分智能优化计算方法都可以应用于机器人参数的标定与优化，但因使用的求解策略不同，优化求解能力存在差异。下面将介绍几种面向工业机器人的性能指标、约束条件及智能优化计算方法。

2.1 性能指标及约束条件

对于工业机器人系统，常用的性能约束条件包括但不限于以下几类：执行器饱和约束（物理限制）、稳定性及鲁棒性相关约束（前提条件）、暂态响应性能相关约束（快速性和相对稳定性）和稳态性能相关约束（精度）。

（1）执行器饱和约束

硬件系统因元器件物理特性的限制，电流、电压等输入存在明显的上限。超出限幅的控制输入不仅会导致控制性能恶化，甚至还会造成系统失稳。对于给定的控制器输出 $u(t)$，执行器饱和约束表述为

$$\mathrm{sat}(u(t)) = \begin{cases} u_{\max}, & u(t) > u_{\max} \\ u(t), & u_{\min} < u(t) < u_{\max} \\ u_{\min}, & u(t) < u_{\min} \end{cases} \tag{2-1}$$

式中，$u_{\max}$ 和 $u_{\min}$ 分别是被控系统输入（即控制器输出）的上限和下限。

（2）稳定性及鲁棒性相关约束

具备稳定性和一定的鲁棒性是工业机器人正常工作的前提。在工业机器人控制系统的性能分析和控制器设计中，常使用代数稳定判据、奈奎斯特稳定判据、李雅普诺夫稳定性判据等评判系统的稳定性。此外，为便于定量描述系统的鲁棒性，基于图 2-1 所示的闭环系统描述提出如下加权鲁棒性目标函数，即

$$J_{H\infty} = \left\| \frac{1}{j\omega} \times \frac{G(j\omega)}{1 + G(j\omega)K(j\omega)} \right\|_{\omega = \infty} \tag{2-2}$$

式中，$j^2 = 1$；ω 为角频率；$G(j\omega)$ 和 $K(j\omega)$ 分别是被控对象和控制器的频域传递函数，积分项 $1/j\omega$ 为权重。

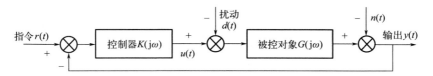

图 2-1　闭环单输入单输出系统

（3）暂态响应性能相关约束

暂态响应性能包含两个重要因素：响应的快速性和相对稳定性。由于易于生成，基于时域表述的单位阶跃响应常被用于评估机器人控制系统的暂态响应性能。如图 2-2 所示，暂态

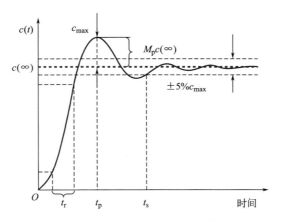

图 2-2　阶跃响应过程及相关性能准则

响应性能通过量化系统对于给定单位阶跃输入信号的响应时间和跟踪误差来评估。常用的量化指标有上升时间、峰值时间、最大超调量、稳定时间，定义如表2-1所示。

表2-1 暂态响应性能相关约束准则

名称	符号	定义	表征性能
上升时间	t_r	两个时刻[反馈值等于稳态值$c(\infty)$的90%和10%]的差值	侧重响应速度
峰值时间	t_p	响应曲线到达最大反馈值c_{max}的时间	侧重响应速度
最大超调量	M_p	$M_p = \dfrac{c_{max}-c(\infty)}{c(\infty)}\times 100\%$	侧重系统的相对稳定性
稳定时间	t_s	系统的输出衰减到给定误差带内，并且不再超出误差带的时间	兼顾响应速度和系统阻尼

这些量化指标各有侧重点，用于从不同的角度表征机器人系统的性能。追求最小上升时间和峰值时间的系统将会有较快的响应速度，但会伴随相对较大的系统振荡。在精密作业过程中，机器人需要尽可能避免冲击振荡，以防止损害精密元器件。此类系统则期望合适的调整时间、较小的超调量甚至无超调量。

（4）稳态性能相关约束

稳态性能相关约束条件包括三类，即最大给定误差、最大扰动误差和积分误差。其中，最大给定误差用于衡量系统输出对时变参考输入的跟踪精度；最大扰动误差则用于评判恒定参考输入的系统在稳态阶段对外部扰动的抑制能力；积分误差是对运行过程中的给定误差或者扰动误差进行积分，综合评价系统的性能。目前，常用的积分误差性能指标有四类，分别是平方误差积分（integral of squared errors，ISE）、绝对误差积分（integral of absolute errors，IAE）、时间乘平方误差积分（integral of time multiplied by squared errors，ITSE）和时间乘绝对误差积分（integral of time multiplied by absolute errors，ITAE），定义如下：

$$\text{IAE} = \int_0^{t_s} |e(t)|\,dt \tag{2-3}$$

$$\text{ITAE} = \int_0^{t_s} t|e(t)|\,dt \tag{2-4}$$

$$\text{ISE} = \int_0^{t_s} [e(t)]^2\,dt \tag{2-5}$$

$$\text{ITSE} = \int_0^{t_s} t[e(t)]^2\,dt \tag{2-6}$$

式中，t_s是响应达到稳定状态的时间；$e(t)$是跟踪误差。

上述积分误差性能目标定量化了工业机器人控制系统对给定信号的跟踪性能，分别具有以下评价特点：

① IAE：量化系统响应与参考信号的误差积累量，评价系统总的跟踪精度。

② ITAE：与IAE类似，但对初始误差有较小的关注度。

③ ISE：对系统运行中的所有误差进行同等加权，但着重关注大误差。

④ ITSE：与 ITAE 一样，但重视系统运行过程中新出现的大误差。

当使用的误差为单位阶跃响应中的跟踪误差时，使用 IAE 和 ISE 优化工业机器人控制系统可获得更好的较快响应速度，但是具有较大的振荡。ITAE 和 ITSE 对误差进行时间加权，可以牺牲一部分响应速度来提高系统的相对稳定性。

作为后验性评价准则，积分误差性能目标是对系统最终性能的评价，需要已知系统的控制结构和初始增益。此外，工业机器人控制系统的性能约束条件不限于上述列举的几种类型。在工程应用中，响应速度和稳定性也可通过截止频率、相位裕度、幅值裕度等指标评估，综合性能也可使用线性二次型性能指标、H_∞ 性能指标等衡量，甚至为满足特定的性能需求，也可自主设计目标函数。

2.2　深度优先搜索算法

深度优先搜索（depth-first search，DFS）策略是计算科学领域中一种典型的遍历图的搜索策略。DFS 策略选择一个顶点作为访问的初始起点，然后搜索相邻顶点。如果多个相邻顶点尚未被访问，则选择其中任意一个顶点作为新的起点，递归调用 DFS 策略，直到选定的起点没有未访问的相邻顶点。然后返回上一个起点，选择另一个未访问的相邻顶点作为新的源点，重复上述过程，直到图中的所有顶点都被访问过。图 2-3 展示了一个有 10 个顶点图的遍历过程。根据 DFS 机制，第一次访问过程如图 2-3（a）所示。它以 κ_1 为起点，依次经过 κ_2、κ_3、κ_4、κ_5、κ_6 和 κ_7，到达 κ_8。在这个过程中，经过 κ_2、κ_4 和 κ_5 后要访问的下一个顶点是随机的，因为它们有多个未访问的相邻顶点。κ_6 或者 κ_7 的下一层只有一个顶点，并且 κ_1 和 κ_4 在它们之前已经被访问过。此外，可以发现已经访问了 κ_8 的相邻顶点，但是 κ_1、κ_2 和 κ_4 的一些相邻顶点仍然需要访问（即 κ_9 和 κ_{10}）。在这种情况下，DFS 策略会根据访问路径以相反的顺序查找此类顶点。因此，如图 2-3（b）所示的新进程分支从 κ_4 开始。在新的分支结束后，DFS 策略再次以同样的方式返回寻找具有未访问分支的顶点，直到返回到没有要访问的分支的起点 κ_1，然后结束遍历。

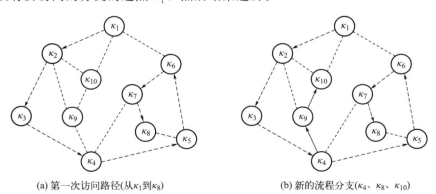

(a) 第一次访问路径(从 κ_1 到 κ_8)　　　　(b) 新的流程分支(κ_4、κ_8、κ_{10})

图 2-3　具有 10 个顶点的图的遍历过程

不同类型的线都表示顶点之间的相关性，箭头只表示访问流程，不表示顶点的层次关系

将参数空间描述为一个图，DFS 策略可以在图中定位所有满足约束的可行解。尽管如此，由于遍历特性，它也会访问不可行的解决方案。如何在遍历过程中动态消除图中不可行的分支，对于传统的 DFS 策略来说仍然是一项具有挑战性的任务。

2.3 粒子群优化算法

2.3.1 速度及位置更新公式

粒子下一步迭代的移动方向受到惯性方向、个体最优方向、群体最优方向等的综合引导。惯性部分由惯性权重和粒子自身速度构成，表示粒子对先前自身运动状态的信任。认知部分表示粒子本身的思考，即粒子自己经验的部分，可理解为粒子当前位置与自身历史最优位置之间的距离和方向。社会部分表示粒子之间的信息共享与合作，即来源于群体中其他优秀粒子的经验，可理解为粒子当前位置与群体历史最优位置之间的距离和方向。

速度更新公式为

$$v_i^{k+1} = \omega v_i^k + c_1 r_1 (p_{i,\text{pbest}}^k - x_i^k) + c_2 r_2 (p_{d,\text{gbest}}^k - x_i^k) \tag{2-7}$$

式中，i 为粒子序号，$i = 1, 2, \cdots, N$，N 为粒子群规模；k 为迭代次数；ω 为惯性权重；c_1 为个体学习因子；c_2 为群体学习因子；r_1，r_2 为区间 $[0, 1]$ 内的随机数，增加搜索的随机性；v_i^k 为粒子 i 在第 k 次迭代中的速度向量；x_i^k 为粒子 i 在第 k 次迭代中的位置向量；$p_{i,\text{pbest}}^k$ 为粒子 i 在第 k 次迭代中的历史最优位置，即在第 k 次迭代后，第 i 个粒子（个体）搜索得到的最优解；$p_{d,\text{gbest}}^k$ 为群体在第 k 次迭代中的历史最优位置，即在第 k 次迭代后，整个粒子群体中的最优解。

位置更新公式为

$$x_i^{k+1} = x_i^k + v_i^{k+1} \tag{2-8}$$

粒子群算法流程图如图 2-4 所示。

2.3.2 参数设定规则

（1）粒子群规模（N）

较小的种群规模容易陷入局部最优；较大的种群规模可以提高收敛性，更快找到全局最优解，但是相应地，每次迭代的计算量也会增大；当种群规模增大至一定水平时，再增大将不再有显著的作用。

（2）迭代次数（k）

需要在优化的过程中根据实际情况进行调整。迭代次数太小的话，解不稳定，太大的话非常耗时，没有必要。

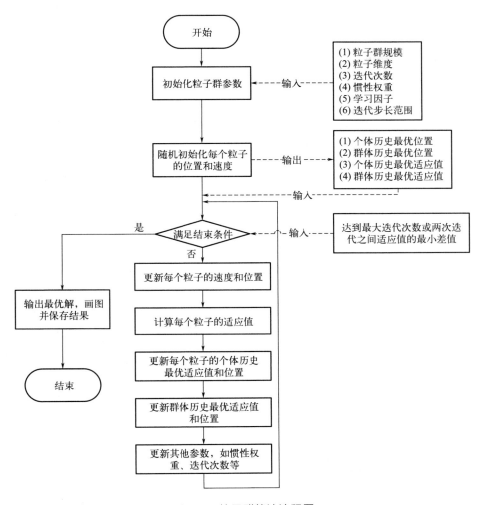

图 2-4　粒子群算法流程图

（3）惯性权重（ω）

惯性权重 ω 表示上一代粒子的速度对当代粒子速度的影响，或者说粒子对当前自身运动状态的信任程度，粒子依据自身的速度进行惯性运动。惯性权重使粒子保持运动的惯性和搜索扩展空间的趋势。ω 值越大，探索新区域的能力越强，全局寻优能力越强，但是局部寻优能力越弱。反之，全局寻优能力越弱，局部寻优能力强。较大的 ω 有利于全局搜索，跳出局部极值，不至于陷入局部最优；而较小的 ω 有利于局部搜索，让算法快速收敛到最优解。当问题空间较大时，为了在搜索速度和搜索精度之间达到平衡，通常做法是使算法在前期有较高的全局搜索能力以得到合适的种子，而在后期有较高的局部搜索能力以提高收敛精度，所以 ω 不宜为一个固定的常数。

当 $\omega=1$ 时，退化成基本粒子群算法，当 $\omega=0$ 时，失去对粒子本身经验的思考。其推荐取值范围为 [0.4，2]，典型取值为 0.9、1.2、1.5、1.8。

在解决实际优化问题时，往往希望先采用全局搜索，使搜索空间快速收敛于某一区域，然后采用局部精细搜索以获得高精度的解。因此提出了自适应调整的策略，即随着迭代的进行，线性地减小 ω 的值。这里提供一个简单常用的方法，即线性变化策略：随着迭代次数的增加，惯性权重 ω 不断减小，从而使得粒子群算法在初期具有较强的全局收敛能力，在后期具有较强的局部收敛能力。

$$\omega = \omega_{\max} - (\omega_{\max} - \omega_{\min}) \frac{k}{k_{\max}} \tag{2-9}$$

式中，$\omega_{\max}$ 为最大惯性权重；$\omega_{\min}$ 为最小惯性权重；k 为当前迭代次数；$k_{\max}$ 为最大迭代次数。

（4）学习因子（c_1、c_2）

学习因子称为加速系数或加速因子。c_1 表示粒子下一步动作来源于自身经验部分所占的权重，将粒子推向个体历史最优位置 $\boldsymbol{p}_{i,\text{pbest}}^{k}$ 的加速权重；c_2 表示粒子下一步动作来源于其他粒子经验部分所占的权重，将粒子推向群体历史最优位置 $\boldsymbol{p}_{d,\text{gbest}}^{k}$ 的加速权重。

当 $c_1 = 0$ 时，表示无私型粒子群算法，"只有社会，没有自我"，迅速丧失群体多样性，易陷入局部最优而无法跳出。当 $c_2 = 0$ 时，表示自我认知型粒子群算法，"只有自我，没有社会"，完全没有信息的社会共享，导致算法收敛速度缓慢。当 c_1 和 c_2 都不为 0 时，表示完全型粒子群算法，更容易保持收敛速度和搜索效果的均衡，是较好的选择。

低的值使粒子在目标区域外徘徊，而高的值导致粒子越过目标区域。不同的问题有不同的取值，一般通过在一个区间内试凑来调整这两个值。

2.4 差分进化算法

差分进化算法（DE）来源于早期提出的遗传算法。而差分进化算法引入了利用当前群体中个体差异来构造变异个体的差分变异模式，是其独特的进化方式，具有原理简单、受控参数少、鲁棒性强等优点。

差分进化算法流程图如图 2-5 所示。

（1）初始化

设解空间内存在 N 个个体（即种群大小为 N），每个个体是 D 维向量。

初始种群随机产生：

$$\boldsymbol{x}_i^t = \boldsymbol{x}_1 + \mathbf{rand}(0, 1) \cdot (\boldsymbol{x}_u - \boldsymbol{x}_1) \tag{2-10}$$

式中，i 表示第 i 个个体；t 表示迭代次数；$\boldsymbol{x}_1$ 表示下界；$\boldsymbol{x}_u$ 表示上界；$\mathbf{rand}(0, 1)$ 表示生成 0 到 1 之间的 D 维随机向量。

（2）变异

差分进化算法使用种群中两个不同向量来干扰一个现有向量，进行差分操作，来实现变

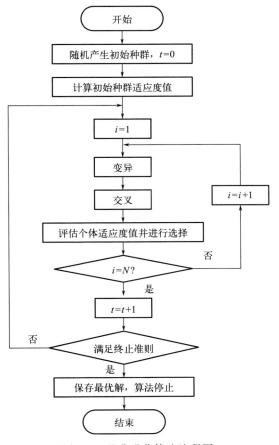

图 2-5　差分进化算法流程图

t 表示迭代次数，i 表示第 i 个个体，N 表示种群大小

异。具体实现如下：

$$v_i^t = x_{r1}^t + F \cdot (x_{r2}^t - x_{r3}^t) \tag{2-11}$$

式中，t 表示迭代次数；x_{r1}^t、x_{r2}^t 和 x_{r3}^t 是从当前群体中随机选择的 3 个互不相同的个体，而且它们也不应与目标个体 x_i^t 相同；F 为变异因子（缩放因子）；v_i^t 为目标个体 x_i^t 对应的变异个体。

在进化过程中，为了保证解的有效性，必须判断变异个体中各分量是否满足边界条件，如果不满足边界条件，则变异个体用随机方法重新生成。

不同的差分策略，可以描述为 DE/x/y/z。其中，参数 x 表示参与变异的向量类型，可以是随机向量（rand）、当前种群的最优向量（best），或者是当前向量本身（current）；参数 y 表示参与变异的差分向量数目；参数 z 表示交叉的模式，如二项式交叉（bin）、指数交叉以及正交交叉。

DE/ rand/ 1/ bin 和 DE/ best/ 2 /bin 是目前应用最为广泛的差分策略。其中，第 1 种

策略有利于保持种群多样性，第 2 种策略有利于提高算法的收敛速度。

（3）交叉

对于每个个体和它所生成的子代变异向量进行交叉，具体地说就是对每一个分量按照一定的概率选择子代变异向量（否则就是原向量）来生成试验个体。

$$u_{i,j}^t = \begin{cases} v_{i,j}^t, & \mathbf{rand}(0, 1) \leqslant \mathbf{CR} \text{ 或 } j = j_{\text{rand}} \\ x_{i,j}^t, & \text{其他} \end{cases} \tag{2-12}$$

式中，$\mathbf{CR}$ 为交叉概率因子；$v_{i,j}^t$ 和 $x_{i,j}^t$ 分别代表 D 维向量 $\boldsymbol{v}_i^t$ 和 $\boldsymbol{x}_i^t$ 的第 j 个元素；j_{rand} 为 1 到 D 之间的一个随机值，确保交叉后的试验个体至少有一维分量由变异个体提供。

（4）选择

差分进化算法使用贪婪算法，根据适应度函数的值，从目标个体和试验个体中选择更优的作为下一代。

$$\boldsymbol{x}_i^{t+1} = \begin{cases} \boldsymbol{u}_i^t, & f(\boldsymbol{u}_i^t) \leqslant f(\boldsymbol{x}_i^t) \\ \boldsymbol{x}_i^t, & \text{其他} \end{cases} \tag{2-13}$$

式中，$f(*)$ 表示适应度值。

通过以上的变异、交叉和选择操作，种群进化到下一代并反复循环，直到算法迭代次数达到预定最大次数，或种群最优解达到预定误差精度时，算法结束。

2.5 蝙蝠算法

蝙蝠算法是一种基于群体智能的智能计算方法，其灵感来自蝙蝠群体的回声定位现象。在自然界中，蝙蝠可以发出声音脉冲并接收从周围物体反射的回声。基于这项技术，蝙蝠可以及时识别猎物或障碍物。对于控制器优化，蝙蝠的位置表示可调控制参数向量。参数空间中适应度最高的位置就是全局最优控制参数向量。

蝙蝠个体通过不断更新其超声波频率 $\boldsymbol{\mu}$、速度 $\boldsymbol{v}$ 和位置 $\boldsymbol{x}$ 来探索全局最优位置，如下所示：

$$\boldsymbol{\mu}_i = \boldsymbol{\mu}_{\min} + (\boldsymbol{\mu}_{\max} - \boldsymbol{\mu}_{\min}) \cdot \mathbf{rand}(0, 1) \tag{2-14}$$

$$\boldsymbol{v}_i^{t+1} = \boldsymbol{v}_i^t + (\boldsymbol{x}_i^t - \boldsymbol{x}_*) \cdot \boldsymbol{\mu}_i \tag{2-15}$$

$$\boldsymbol{x}_i^{t+1} = \boldsymbol{x}_i^t + \boldsymbol{v}_i^{t+1} \tag{2-16}$$

式中，每个个体是 D 维向量；i 表示种群的第 i 个个体；t 表示第 t 代；$\boldsymbol{\mu}_{\max}$ 和 $\boldsymbol{\mu}_{\min}$ 分别为超声波频率的上下限；$\boldsymbol{x}_*$ 为当前最优蝙蝠个体的位置；$\mathbf{rand}(0, 1)$ 表示生成 0 到 1 之

间的 D 维随机向量。

当一只蝙蝠飞到一个适应度较高的位置时，它会增加脉冲率并衰减响度，表明它正在接近全局最优位置。响度 A 和脉冲率 r 的更新规则为

$$A_i^{t+1} = \alpha A_i^t \tag{2-17}$$

$$r_i^{t+1} = r_i^0 \left[1 - \exp(-\gamma t) \right] \tag{2-18}$$

式中，α 和 γ 分别是响度和脉冲率的比例因子；r_i^0 是第 i 个蝙蝠的初始脉冲率值。

为了提高搜索能力，蝙蝠算法在脉冲率和响度的约束下，在当前最优值 $\boldsymbol{x}_*$ 附近进行局部搜索。新的局部解由下式生成，即

$$\boldsymbol{x}_{\text{new}} = \boldsymbol{x}_* + \mathbf{rand}(0, 1)A_{\text{mean}}^t \tag{2-19}$$

式中，A_{mean}^t 是第 t 代所有蝙蝠个体的平均响度。

如果新解的适应度优于当前最优解且随机数小于响度，则采用当前新解作为最优解。

2.6　模糊计算

2.6.1　模糊系统基本结构

模糊系统的基本结构如图 2-6 所示，主要由输入量化、变量模糊化、模糊推理、规则库、解模糊化、输出量化等关键模块组成。其中，输入量化将自然输入论域内的输入变量映射到模糊输入论域，而输出量化将模糊输出论域内的模糊输出映射到自然输出论域。若模糊论域和自然论域一致，两个量化模块可以被省略。变量模糊化模块利用隶属度函数实现清晰数据变量向语言变量的转化。根据输入变量对各语言变量的隶属度，模糊推理可以基于模糊规则生成相应的模糊输出。最后，解模糊化模块将模糊输出转化为自然论域中清晰的控制指令。

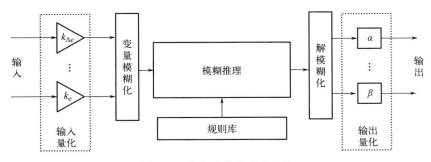

图 2-6　模糊系统的基本结构

常用的模糊器有单值型、三角型、梯型、高斯型、Sigmoid 型等几种。隶属度函数解析表达式如下所列，其中 a、b、c、d 为模糊论域内的常数，且 $a > b > c > d$。

单值型隶属度函数：

$$f(x;\ a) = \begin{cases} 1, & x=a \\ 0, & 其他 \end{cases} \tag{2-20}$$

三角型隶属度函数：

$$f(x;\ a,\ b,\ c) = \max\left\{\min\left(\frac{x-a}{b-a},\ \frac{c-x}{c-b}\right),\ 0\right\} \tag{2-21}$$

梯型隶属度函数：

$$f(x;\ a,\ b,\ c,\ d) = \max\left\{\min\left(\frac{x-a}{b-a},\ 1,\ \frac{d-x}{d-c}\right),\ 0\right\} \tag{2-22}$$

高斯型隶属度函数：

$$f(x;\ \sigma,\ c) = \exp\left[\frac{-(x-c)^2}{2\sigma^2}\right] \tag{2-23}$$

式中，c 和 σ 分别决定曲线中心位置和宽度。

Sigmoid 型隶属度函数：

$$f(x;\ a,\ c) = 1/\{1 + \exp[-a(x-c)]\} \tag{2-24}$$

式中，若 $a>0$，则函数为向右的 S 型；若 $a<0$，则函数为向左的 Z 型。

下面给出两个常用的解模糊器，分别是重心解模糊器和中心平均解模糊器。

重心解模糊器的清晰输出取为全部规则的模糊输出集覆盖区域的几何中心，即

$$y_{\text{out}} = \frac{\int y\mu_{\text{out}}(y)\mathrm{d}Z}{\int \mu_{\text{out}}(y)\mathrm{d}Z} \tag{2-25}$$

式中，$\mu_{\text{out}}(\cdot)$ 为隶属度。

中心平均解模糊器的清晰输出是每个规则的模糊输出集中心 $\overline{y}_i$ 的加权平均，即

$$y_{\text{out}} = \frac{\displaystyle\sum_{i=1}^{r} \overline{y}_i \overline{w}_i}{\displaystyle\sum_{i=1}^{r} \overline{w}_i} \tag{2-26}$$

式中，权重 $\overline{w}_i$ 为中心点 $\overline{y}_i$ 的隶属度。

模糊控制的优势在于使用"如果……，则……"的规则形式连接条件和结果，将复杂的建模或控制问题重组为一系列特定工作点下的简单问题。虽然模糊规则的前件部分都采用以模糊语言变量来代替自然变量的表达形式，但是后件部分可根据具体问题设置不同的内容。根据后件变量的形式，典型的模糊控制系统有 Mamdani 型和 T-S 型两种。

2.6.2　Mamdani 型模糊计算

Mamdani 型模糊计算是模糊理论在系统控制领域的最早成功应用，广泛应用于控制参数的在线优化。其特征在于后件变量采用模糊集合的表达形式，即采用自然语言描述的词语。因此，它可以将对待处理问题的现有经验进行组织归纳并直接转化为受控对象的控制率。一般地，Mamdani 型模糊控制的规则可表示为

规则 $i(i=1, 2, \cdots, r)$：如果 $\nu_1(t)$ 是 $A_{i,1}$ 且……且 $\nu_m(t)$ 是 $A_{i,m}$，则 y_1 是 $B_{i,1}$ 且……且 y_n 是 $B_{i,n}$。

其中，r 代表模糊规则库内规则的数量；$\nu_1(t)$、$\nu_2(t)$、$\cdots$、$\nu_m(t)$ 是前件变量，即模糊系统的输入变量；m 为前件变量的个数；y_1、y_2、$\cdots$、y_n 为后件变量，即模糊系统的输出变量；n 为后件变量的个数；$A_{i,1}$、$A_{i,2}$、$\cdots$、$A_{i,m}$ 是前件变量在第 i 规则对应的模糊变量；$B_{i,1}$、$B_{i,2}$、$\cdots$、$B_{i,n}$ 是后件变量在第 i 规则对应的模糊变量。

基于 Mamdani 型模糊计算的控制参数在线优化系统能充分利用已知的非线性调节经验，利用模糊推理能力，在线调度控制参数，及时补偿工况变化的影响，发挥系统的最佳控制效果。

第3章

基于粒子群算法的机器人末端测量仪器参数标定

3.1 概述

LaserLAB 具有较大的测量范围（39.5mm×38.5mm×36.5mm），可满足工业机器人误差测量的需求；但是，其较低的测量精度（±0.1mm）使其只能用于测量精度较低的工业机器人，且存在难以检验标定后机器人精度的问题。基于三向位移的 R-test 测量仪是 LaserLAB 的前身，其因卓越的性能已被研制成商业化的测量仪器，但是约 1mm 的测量范围限制了其在机器人测量领域的发展。可知，用于标定机床误差的非接触式 R-test 的测量范围过小，而已有标定机器人误差的 LaserLAB 的测量精度难以满足大部分工业机器人精度的测量需求。如何在扩大测量范围的同时又提升测量精度，是 R-test 应用于工业机器人末端位置测量亟待解决的难点。非接触式 R-test 的测量精度主要取决于三个方面的因素：传感器测量球面的误差、结构参数误差（传感器支撑件的尺寸误差和传感器安装误差的综合）和球心位置求解算法的精度。结构参数作为求解球心位置时用到最多的常量参数，对 R-test 测量精度的影响最大。

因此，本章围绕基于粒子群算法的 R-test 结构参数标定方法展开研究。首先深入分析三向位移 R-test 的传统测量方法，为解决其测量范围定义不清晰、结构参数辨识模型冗杂等问题，在构建位移正交结构的基础上，设计传感器方向参数误差和位置参数误差分步校准策略，进而提出一种非冗余结构参数误差标定方法，进一步提高 R-test 的整体测量精度。然后对 R-test 测量方法中三个方向获取三组位移的特征进行扩展，提出间断获取同向三组位移的测量方法，避免连续测量引入的振动误差。最后为精确获取传感器测量球面产生的误差，提出基于基准点标定的测量方法。

3.2　基于粒子群算法的 R-test 结构参数标定方法

3.2.1　R-test 的结构参数传统标定方法

本小节以非接触式 R-test 测量仪为对象，深入解析其结构参数传统标定方法的机理，总结可改进方向，为提出更高精度的结构参数标定方法奠定基础。

传统方法将在机测量的初始球心位置设置为测量系统坐标系的原点，以传感器敏感方向的单位向量为方向参数，传感器敏感方向与初始球体的交点作为位置参数，利用球面方程将辨识模型转换为非线性最小二乘问题，如下所示：

$$\min_{\boldsymbol{P}_i, \boldsymbol{V}_i} \sum_{j=1, \cdots, N_1} (\| \boldsymbol{P}_i + D_{ij} \boldsymbol{V}_i - \boldsymbol{O}_j \| - R)^2 \tag{3-1}$$

式中，R 表示球体半径；D_{ij} 表示传感器的读数；$\boldsymbol{P}_i$ 表示位置参数；$\boldsymbol{V}_i$ 表示方向参数；$\boldsymbol{O}_j$ 表示在机测得的球心相对位置。

令 $\boldsymbol{O}_j$ 表示 R-test 测得的球心相对位置，利用非线性最小二乘法辨识结构参数，得

$$\min_{\boldsymbol{O}_j} \sum_{i=1, 2, 3} (\| \boldsymbol{P}_i + D_{ij} \boldsymbol{V}_i - \boldsymbol{O}_j \| - R)^2 \tag{3-2}$$

传统标定方法的框图如图 3-1 所示，存在如下不足：a. 在设计测量系统时未提前优化测量系统的结构，致使系统的探测范围不清晰；b. 系统坐标系原点建立在初始球心上，可能导致探测范围分布不均匀；c. 每个传感器有两个方向参数和三个位置参数，整个测量系统共计 15 个结构参数，辨识模型中的参数过多，可能会导致标定精度下降；d. 用于解决优化问题的辨识算法对初值较敏感（结果可能为局部最小值），位置参数值为传感器光束与初始球体交点位置，而该点在坐标系中的位置不明确，很难获取到准确的位置参数初值，导致辨

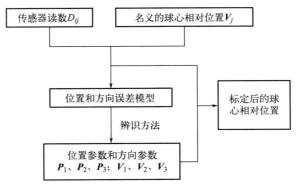

图 3-1　传统标定方法框图

识精度较低。

针对上述不足，提出以下三个改进方向，总体策略如图 3-2 所示。

① 从测量精度的角度：根据传感器测量球面的特征优化测量系统的结构，降低传感器测量球面误差对仪器整体精度的影响。

② 从测量范围的角度：建立合适的探测基准，使仪器测量范围分布均匀。

③ 从 R-test 测量仪结构参数标定精度的角度：使方向参数与位置参数分开校准，减少辨识参数过多导致辨识精度下降的影响，并结合标定模型选择合适的辨识算法。

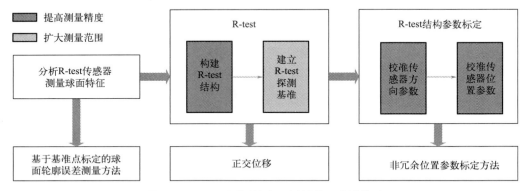

图 3-2　R-test 测量精度和测量范围改进策略

3.2.2　基于正交位移的 R-test

本小节在分析传感器测量球面特征的基础上，提出正交位移的 R-test 测量构型，并建立其探测基准。具体将从以下四个方面设计 R-test 测量仪。

（1）传感器安装误差和测量球面误差

测量目标面之前，为确保传感器的测量精度，需根据说明书将传感器安装在正确的测量方位。漫反射激光位移传感器的测量原理如图 3-3 所示，可知激光束与目标面法线的不平行将导致测量误差。图 3-4 描绘了传感器的安装误差和球面测量误差。对于目标测量点 M_1，位姿 A 为传感器在说明书中的要求安装位姿。当传感器由于安装误差从位姿 A 偏移至位姿 B 时，未对齐的角度误差 ϕ_1 导致传感器在位姿 A 和位姿 B 处测的位移之间产生误差；传感器移动到位姿 C 测量目标点 M_2 时，激光束与球面法线的未对齐角度 ϕ_2 使得反射光束倾斜，在接收阵列上形成测量误差。综上所述，有必要估计位移传感器测量球面时产生的误差，以确定其是否满足球心位置测量的精度需求。经过以上分析，对球心位移测量方法的设计有以下两个改进方向：

① 关于安装方面：将传感器安装在要求位姿，并校正安装误差。

② 关于测量方面：在测量时尽量使传感器的探测方向与目标表面的法线平行。

（2）基于正交位移的 R-test 测量构型

此部分通过分析三向位移的冗余性，结合传感器测量球面的改进方向，设计了一种基于正交位移的 R-test 测量仪构型。球心三维位移的求解至少需要三组球面数据，为降低成本，可只选用三个传感器组成测量系统。为获取三个坐标轴方向上的无冗余位移数据，传感器的

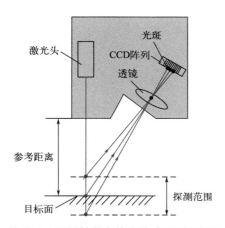

图 3-3　漫反射激光位移传感器测量原理

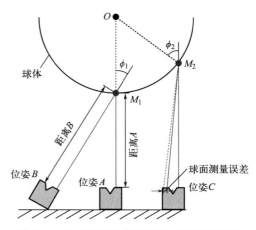

图 3-4　传感器的安装误差和球面测量误差

探测方向应两两正交，如图 3-5（a）所示。传感器探测方向应尽量与目标表面法线平行，因此，将球心的初始位置设置在正交交点处，同时也为建立测量系统的坐标系做铺垫。均匀分布的测量范围可以很好地指导用户操作。因此，将三个传感器的位置平均布局在与球体表面相距参考距离处，使设计的测量系统具有易辨识且对称的测量范围，如图 3-5（b）所示。传感器的参考距离是指探测起始点与探测范围终点在探测方向上的距离。另外，将三个传感器探测方向的交点设置为坐标系原点，三个正交的探测方向分别对应坐标系的三个坐标轴。

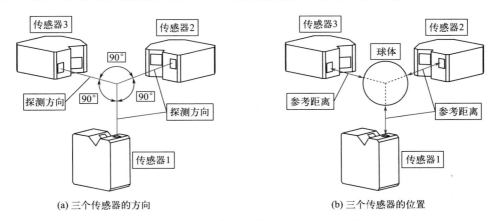

（a）三个传感器的方向　　　　　　　　　　（b）三个传感器的位置

图 3-5　基于正交位移的 R-test 测量仪构型

（3）基于正交位移 R-test 的球心三维位移测量方法

此部分设计了基于正交位移 R-test 的球心三维位移的求解算法。以传感器 2 和传感器 3 为例说明球心位置测量方法，如图 3-6 所示，初始球体的球心与测量系统坐标系的原点重合。$\boldsymbol{P}_i$ 表示传感器的探测起始点，$\boldsymbol{P}_{ij}$ 表示传感器的探测方向与第 j 个（$j=1$，…，N）测量球面的交点，l_i 和 l_{ij} 分别表示传感器 i（$i=1$，2，3）测量初始球面和第 j 个测量球面得到的距离。三个传感器在测量系统坐标系中的坐标分别为（0，0，$-(R+l_1)$）、（0，$-(R+l_2)$，0）、（$-(R+l_3)$，0，0）。

根据第 j 个测量球体的球面方程可以得到点 $\boldsymbol{P}_{ij}$ 和其球心的关系，即

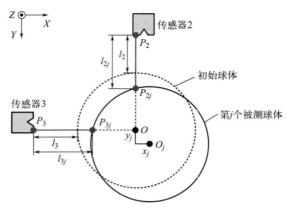

图 3-6　球心三维位移测量方法

$$\| \boldsymbol{O}_j \boldsymbol{P}_{ij} \|^2 = R^2 \qquad (3\text{-}3)$$

结合图 3-6 中的几何关系和式(3-3)，球心 $\boldsymbol{O}_j(x_j,\ y_j,\ z_j)$ 在测量系统坐标系中的位置可以通过式(3-4) 求得。

$$
\begin{aligned}
x_j^2 + y_j^2 + [-(R+l_1-l_{1j})-z_j]^2 &= R^2 \\
x_j^2 + (-(R+l_2-l_{2j})-y_j)^2 + z_j^2 &= R^2 \\
(-(R+l_3-l_{3j})-x_j)^2 + y_j^2 + z_j^2 &= R^2
\end{aligned}
\qquad (3\text{-}4)
$$

另外，式(3-4) 中 l_i-l_{ij} 变量的变化范围为传感器 i 的探测范围，通过式(3-4) 并约束三个传感器的范围即可求得 R-test 测量仪的测量空间。

（4）位移传感器和精密球体选型

相比于其他激光位移传感器类型，漫反射型激光位移传感器（基恩士 LK-H052 型）具有较大的测量范围，且其测量球面的精度也足够满足工业机器人误差的测量需求。因此，可选用漫反射型激光位移传感器组成 R-test 测量仪。未实施标定的工业机器人的位置精度通常小于 10mm，仪器的测量范围应大于工业机器人的误差。此处在漫反射型激光位移传感器中选择了两个具有适当测量范围的传感器，即基恩士 LK-H020 型和 LK-H050 型，它们的主要技术参数如表 3-1 所示。

表 3-1　激光位移传感器的主要技术参数

主要技术参数	LK-H050 型	LK-H020 型
参考距离/mm	50	20
再现性/μm	0.025	0.02
测量范围/mm	±10	±3
分辨率/μm	0.1	0.1
线性度	±0.02% F.S.（F.S.=20mm）	±0.02% F.S.（F.S.=20mm）
在参考距离处的光斑直径/μm	φ50	φ25

令 D_{max} 表示传感器探测范围的二分之一。激光位移传感器测量球面的范围 L 可用式（3-5）近似计算，即

$$\pm L = \pm\sqrt{R^2 - (R - D_{max})^2} \tag{3-5}$$

为获取两种激光位移传感器测量球面的范围，给定 D_{max} 的值为 10mm，则球体半径也至少为 10mm。根据式（3-5）对球面测量范围进行初步估计，计算结果如表 3-2 所示。可以看出，传感器测量球体表面的范围随着球体半径增大而增大，但是，仪器的尺寸也将随之变大，给测量带来不便。当 $R = 2D_{max}$ 时，即精密球体半径在 20mm 左右，测量范围已足够用于工业机器人误差测量。所选用精密球的主要技术参数如表 3-3 所示。

表 3-2　估计的测量范围

R/mm	L/mm
$D_{max} = 10$	$D_{max} = 10$
$2D_{max} = 20$	$\sqrt{3}D_{max} \approx 17$
$3D_{max} = 30$	$\sqrt{5}D_{max} \approx 22$

表 3-3　精密球的主要技术参数

材料	直径/mm	球度/μm	表面粗糙度/μm
陶瓷	38.1110	0.8	0.1

所设计测量仪的硬件由三个激光位移传感器、一个支撑件和一个球体组成。为分析和比较上述两种型号激光位移传感器测量球面的特点，且尽量扩大探测范围，选用两个 LK-H050 型和一个 LK-H020 型激光位移传感器组成测量系统原型，传感器 1 的型号为 LK-H020，传感器 2 和传感器 3 的型号为 LK-H050。综上所述，设计的支撑件结构及尺寸如图 3-7 所示，建立的测量仪坐标系如图 3-8 所示。

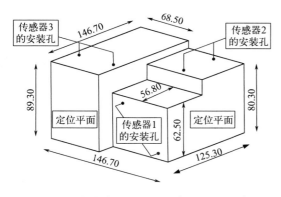

图 3-7　支撑件结构及尺寸（单位：mm）

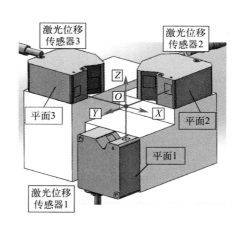

图 3-8　测量仪坐标系

3.2.3 基于粒子群算法的 R-test 非冗余结构参数标定方法

为进一步提高 R-test 测量仪的探测精度，提出 R-test 结构参数误差的分步校准方案，如图 3-9 所示。首先校准传感器的方向参数误差，由于对 R-test 测量仪的结构进行了优化，并定义了坐标系，所以传感器的方向参数误差可通过手动校准方式进行调整。其次标定传感器的位置参数误差，通过重新定义仪器的坐标系，提出一种非冗余位置参数误差辨识方法。

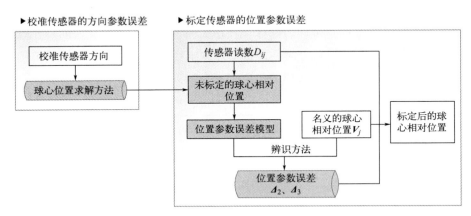

图 3-9　所提结构参数误差分步校准方法的框图

如图 3-10(a) 所示，传感器的方向参数误差可以通过调整传感器平面 i 与支撑件定位平面（图 3-7）平行的方式校准。从图 3-10(b) 可以看出，传感器的位置参数误差很难再通过调整的方式进行校准，否则会对已校准的方向参数造成影响。传感器位置参数误差的标定可分为如下两个步骤。

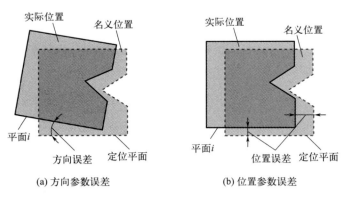

(a) 方向参数误差　　　　　(b) 位置参数误差

图 3-10　传感器的参数误差

（1）建立传感器位置误差模型

校准方向参数后，即可通过式(3-4) 得到精度较低的球心位置。三个传感器的三组位置参数误差中有一组是冗余的，只需要获得任意两传感器相对剩余传感器的相对位置参数误差即可。令 $\boldsymbol{\Delta}_i(\Delta x_i，\Delta y_i，\Delta z_i)$ 表示传感器 i 的位置参数误差，三个传感器的位置参数误差分别为 $\boldsymbol{\Delta}_1(\Delta x_1，\Delta y_1，\Delta z_1)$、$\boldsymbol{\Delta}_2(\Delta x_2，\Delta y_2，\Delta z_2)$ 和 $\boldsymbol{\Delta}_3(\Delta x_3，\Delta y_3，\Delta z_3)$。现以传感

器 1 的实际位置为基准，即传感器 1 的位置参数误差为 $\boldsymbol{\Delta}_1(0，0，0)$，则其他两个传感器的相对位置参数误差分别为 $\boldsymbol{\Delta}_2(\Delta x_2 - \Delta x_1，\Delta y_2 - \Delta y_1，\Delta z_2 - \Delta z_1)$ 和 $\boldsymbol{\Delta}_3(\Delta x_3 - \Delta x_1，\Delta y_3 - \Delta y_1，\Delta z_3 - \Delta z_1)$。为简化表达，三个传感器的位置误差可分别表示为 $\boldsymbol{\Delta}_1(0，0，0)$、$\boldsymbol{\Delta}_2(\Delta x'_2，\Delta y'_2，\Delta z'_2)$ 和 $\boldsymbol{\Delta}_3(\Delta x'_3，\Delta y'_3，\Delta z'_3)$。

重新定义的仪器坐标系如图 3-11 所示，新坐标系原点 $\boldsymbol{O}'$ 设定在传感器 1 实际探测方向上的参考距离处，传感器 2 和传感器 3 的名义位置在新坐标系中的坐标保持不变。传感器位置参数误差的测量方法如图 3-12 所示，根据几何关系可知：

$$\boldsymbol{O}'\boldsymbol{P}'_{ij} = \boldsymbol{O}'\boldsymbol{P}_{ij} + \boldsymbol{P}_{ij}\boldsymbol{P}_i + \boldsymbol{P}_i\boldsymbol{P}'_i + \boldsymbol{P}'_i\boldsymbol{P}'_{ij} \tag{3-6}$$

式中，$\boldsymbol{P}_i\boldsymbol{P}'_i = \boldsymbol{\Delta}_i(\Delta x'_i，\Delta y'_i，\Delta z'_i)$。

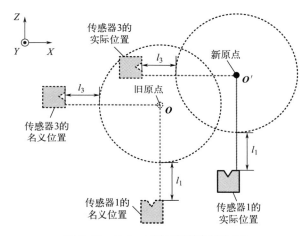

图 3-11　R-test 测量仪的新坐标系

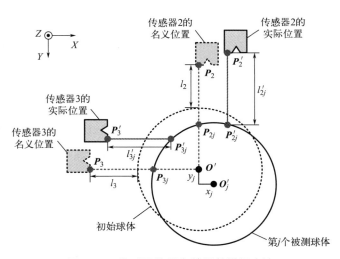

图 3-12　传感器位置参数误差辨识方法

根据式(3-6)可得到点 P'_{1j}、P'_{2j} 和 P'_{3j} 在新的测量坐标系中的坐标分别为 $(0，0，-(R+l_1-l'_{1j}))$、$(\Delta x'_2，\Delta y'_2-(R+l_2-l'_{2j})，\Delta z'_2)$、$(\Delta x'_3-(R+l_3-l'_{3j})，\Delta y'_3，\Delta z'_3)$，结合球面方程可计算第 j 个测量球体的球心位置 $O'_j(x'_j，y'_j，z'_j)$，即

$$\begin{cases} x'^2_j+y'^2_j+(R+l_1-l'_{1j}+z'_j)^2=R^2 \\ (\Delta x'_2-x'_j)^2+[\Delta y'_2-(R+l_2-l'_{2j})-y'_j]^2+(\Delta z'_2-z'_j)^2=R^2 \\ [\Delta x'_3-(R+l_3-l'_{3j})-x'_j]^2+(\Delta y'_3-y'_j)^2+(\Delta z'_3-z'_j)^2=R^2 \end{cases} \tag{3-7}$$

令 D_{ij} 表示传感器 i 的位移读数，则

$$l_i-l'_{ij}=D_{ij} \tag{3-8}$$

虽然 R-test 测量仪可以获取球心在其坐标系中的绝对位置，但在实际标定程序中，难以用外部精密仪器较为精确地确定仪器的坐标系原点。因此，难以使用绝对位置信息进行位置参数误差的标定，同时在完成标定后，也较难对仪器的绝对位置精度进行测量和评估。相对而言，球心的相对位置更容易通过外部精密仪器测得，可以利用球心相对位置信息标定位置参数误差以及检验标定精度。

将第一个被测球体的球心位置 O_1 作为后续测量球体的基准，为了不超出仪器的测量范围，应尽量将第一个被测球体的球心靠近坐标系的原点。令 U_j 表示第 j 个被测球心相对于第一个被测球心的位置，其可由式(3-9)计算得到

$$U_j=O_j(x_j，y_j，z_j)-O_1(x_1，y_1，z_1) \tag{3-9}$$

实际上，相对位置 U_j 的测量精度代表着所设计仪器的位置精度。在传感器位置参数误差的作用下，第 j 个被测球心相对第一个被测球心的位置为

$$U'_j=O'_j(x'_j，y'_j，z'_j)-O'_1(x'_1，y'_1，z'_1) \tag{3-10}$$

（2）辨识及补偿传感器位置误差

在球体移动过程中，通过外部精密仪器测得球心的相对位置，并将其作为球心的名义相对位置，用 V_j 表示，R-test 测得的球心相对位置 U'_j 与名义球心相对位置 V_j 之间的位置误差可用公式表示为

$$f(\Delta x'_i，\Delta y'_i，\Delta z'_i)=\|U'_j-V_j\| \tag{3-11}$$

因此，需要一个合适的辨识算法求解得到最优的位置参数误差 $\mathbf{\Delta}_i(\Delta x'_i，\Delta y'_i，\Delta z'_i)$，使得

$$\min_{\Delta x_i',\ \Delta y_i',\ \Delta z_i'} \sum_{j=1}^{N} \parallel f(\Delta x_i',\ \Delta y_i',\ \Delta z_i') \parallel^2 \tag{3-12}$$

此部分采用具有结构简单和快速收敛特点的粒子群算法求解该优化问题。传感器位置参数误差的辨识流程图如图 3-13 所示。首先，粒子群算法给定位置参数误差一组初始值，用 $\boldsymbol{\Delta}_i^m(\Delta x_i'^m,\ \Delta y_i'^m,\ \Delta z_i'^m)$ 表示，其中，m 表示第 m 次($m=1, \cdots, M$)迭代。令 $\boldsymbol{O}_j'^m(x_j'^m,\ y_j'^m,\ z_j'^m)$ 表示补偿后的球心位置，其可通过将位置参数误差 $\boldsymbol{\Delta}_i^m(\Delta x_i'^m,\ \Delta y_i'^m,\ \Delta z_i'^m)$ 代入式(3-7)求得。然后，通过式(3-10)计算得到补偿后的球心相对位置 $\boldsymbol{U}_j'^m$，将补偿后采样点位置误差平方和均值设置为优化目标，即

$$E^m = \frac{1}{N}\sum_{j=1}^{N} \parallel \boldsymbol{U}_j'^m - \boldsymbol{V}_j \parallel^2 \tag{3-13}$$

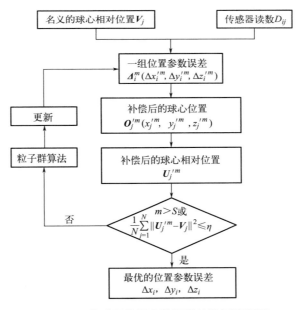

图 3-13　传感器位置参数误差的辨识流程图

粒子群算法将会搜索新的位置参数误差 $\boldsymbol{\Delta}_i^m(\Delta x_i'^m,\ \Delta y_i'^m,\ \Delta z_i'^m)$ 并进行迭代，直到循环达到最大迭代次数 S 或者优化目标值 E^m 收敛至给定的阈值 η。

将经过上述辨识程序得到的最优位置参数误差补偿至传感器的位置参数，即可求解出补偿后的球心位置。最终对比实际相对位置和名义相对位置以验证标定方法的精度性能。

3.2.4　R-test 测量工业机器人精度

所设计 R-test 用于测量工业机器人末端精度的配置如图 3-14 所示。精密球体通过连接

件安装在机器人末端轴的机械接口处，精密球心为机器人工具坐标系的中心。此测量配置可以用于机器人标定，且可根据被测精度项目如重复位置精度、圆度精度、回程精度、绕点偏移精度等的特点设计测量程序。

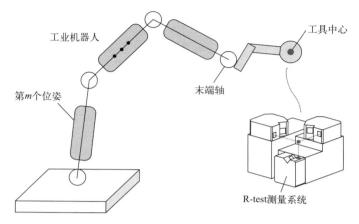

图 3-14　工业机器人精度测量配置

3.3　传感器测量球面误差的测量方法及实验研究

为确定传感器测量球面时产生的误差是否满足工业机器人精度测量的需求，并为 R-test 测量仪中传感器的选型提供指导，在搭建仪器原型之前，需要获得传感器测量球面轮廓的真实误差。

本节用到了米克朗（Mikron）UCP800Duro 型五轴联动机床，其三个直线轴组合于工具一侧，两个旋转轴交叠于工件一侧，如图 3-15 所示。数控系统为海德汉 iTNC530，进给速度范围为 $0\sim30\text{mm/min}$；X 轴纵向行程为 800mm，Y 轴纵向行程为 650mm，Z 轴纵向行程为 500mm；C 轴转动范围为 $0°\sim360°$，B 轴转动范围为 $-100°\sim120°$；工作台面的尺寸为 $600\text{mm}\times600\text{mm}$；$X$、$Y$、$Z$ 轴的位置精度均为 0.006mm，重复位置精度均为 0.004mm。

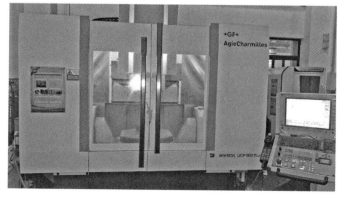

图 3-15　米克朗 UCP800Duro 型五轴联动机床

3.3.1　基于基准点标定的传感器测量球面误差的测量方法

传统方法以最佳拟合探测轨迹的方式获取传感器测量球面的误差，虽然能避免基准点偏差对拟合结果的影响，但如图 3-16 所示，正是由于未知的基准点偏差，导致最佳拟合球面偏离了规划轮廓，进而不能获得真实的传感器测量球面轮廓的误差。因此，有必要对基准点偏差进行标定。扫描测量很难分割位置点并与名义位置同步，为精确计算测量点对应的坐标，本小节将采用间断采样的方式测量球面。

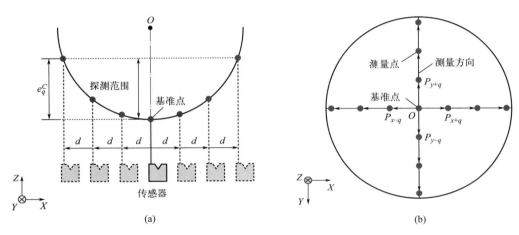

图 3-16　间断测量球面误差的示意

如图 3-16 所示，以基准点为基准将传感器依次沿四个方向（$X+$、$X-$、$Y+$、$Y-$）均匀地间隔距离 d 测量球面。用 D_q 表示传感器测量球面目标点 $\boldsymbol{P}_q$（$q=-Q$, …, 0, …, Q）得到的距离，$\boldsymbol{P}_{x+q}$ 和 $\boldsymbol{P}_{x-q}$ 分别表示 $X+$ 方向和 $X-$ 方向上的目标点，$\boldsymbol{P}_{y+q}$ 和 $\boldsymbol{P}_{y-q}$ 分别表示 $Y+$ 方向和 $Y-$ 方向上的目标点。传感器在点 $\boldsymbol{P}_q$ 处的测量误差 Δe_q 可通过式（3-14）计算。

$$\Delta e_q = e_q^D - e_q^C \tag{3-14}$$

传感器在点 $\boldsymbol{P}_q$ 处测得距离与其在基准点 $\boldsymbol{P}_0$ 处测得距离之间的差值称为传感器在点 $\boldsymbol{P}_q$ 处测得的相对距离，用 e_q^D 表示，则

$$e_q^D = D_q - D_0 \tag{3-15}$$

球面目标点 $\boldsymbol{P}_q$ 与基准点 $\boldsymbol{P}_0$ 之间的距离用 e_q^C 表示，其为传感器在点 $\boldsymbol{P}_q$ 处测得相对距离 e_q^D 的名义值，根据球面的几何关系，e_q^C 可通过式（3-16）计算得到。

$$e_q^C = R - \sqrt{R^2 - (qd)^2} \tag{3-16}$$

X 方向上的基准点误差 Δa_x 导致目标点在 X 方向上偏移，Y 方向上的基准点误差 Δa_y 导致目标点所在圆的半径缩小，如图 3-17 所示。实际测点所在圆的半径为 $\sqrt{R^2 - \Delta a_y^2}$。基准点偏移后，传感器在 X 和 Y 方向上与目标点之间的名义距离分别为

$$e_{xq}^C = \sqrt{(R^2 - \Delta a_y^2) - \Delta a_x^2} - \sqrt{(R^2 - \Delta a_y^2) - (qd + \Delta a_x)^2} \tag{3-17}$$

$$e_{yq}^C = \sqrt{(R^2 - \Delta a_x^2) - \Delta a_y^2} - \sqrt{(R^2 - \Delta a_x^2) - (qd + \Delta a_y)^2} \tag{3-18}$$

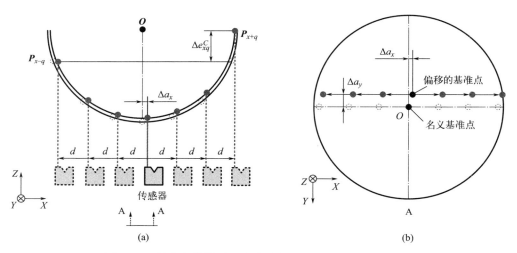

图 3-17 基准点偏差测量方法（以 X 方向的测量点为例）

基准点偏移后，如图 3-17(a) 所示，X 和 Y 方向上的两对称测量点 $\boldsymbol{P}_{+q}$ 和 $\boldsymbol{P}_{-q}$ 在 Z 方向上的距离之差分别为

$$\Delta e_{xq}^C = e_{x+q}^C - e_{x-q}^C = \sqrt{(R^2 - \Delta a_y^2) - (-qd + \Delta a_x)^2} - \sqrt{(R^2 - \Delta a_y^2) - (qd + \Delta a_x)^2} \tag{3-19}$$

$$\Delta e_{yq}^C = e_{y+q}^C - e_{y-q}^C = \sqrt{(R^2 - \Delta a_x^2) - (-qd + \Delta a_y)^2} - \sqrt{(R^2 - \Delta a_x^2) - (qd + \Delta a_y)^2} \tag{3-20}$$

基准点偏移的误差很小（约 $0.2\mathrm{mm}$），估计传感器对两对称目标点 $\boldsymbol{P}_{+q}$ 和 $\boldsymbol{P}_{-q}$ 的测量误差之间的差值在 $10\mu\mathrm{m}$ 以内，可以假设 $\Delta e_{+q} = \Delta e_{-q}$，结合式（3-14）～式（3-16），得到

$$e_{x+q}^C - e_{x-q}^C = D_{x+q} - D_{x-q} \tag{3-21}$$

$$e_{y+q}^C - e_{y-q}^C = D_{y+q} - D_{y-q} \tag{3-22}$$

结合式（3-19）～式（3-22），基准点偏差 Δa_x 和 Δa_y 可通过以下方程组辨识得到，即

$$D_{x+q} - D_{x-q} = \sqrt{(R^2 - \Delta a_y^2) - (-qd + \Delta a_x)^2} - \sqrt{(R^2 - \Delta a_y^2) - (qd + \Delta a_x)^2}$$

$$(3\text{-}23)$$

$$D_{y+q} - D_{y-q} = \sqrt{(R^2 - \Delta a_x^2) - (-qd + \Delta a_y)^2} - \sqrt{(R^2 - \Delta a_x^2) - (qd + \Delta a_y)^2}$$

$$(3\text{-}24)$$

最后，将已知的基准点偏差 Δa_x 和 Δa_y 代入式(3-25)和式(3-26)，得到传感器在 X 方向上的真实测量误差 Δe_{xq} 和在 Y 方向上的真实测量误差 Δe_{yq}。

$$\Delta e_{xq} = (D_{xq} - D_{x0}) - \left[\sqrt{(R^2 - \Delta a_y^2) - \Delta a_x^2} - \sqrt{(R^2 - \Delta a_y^2) - (qd + \Delta a_x)^2} \right]$$

$$(3\text{-}25)$$

$$\Delta e_{yq} = (D_{yq} - D_{y0}) - \left[\sqrt{(R^2 - \Delta a_x^2) - \Delta a_y^2} - \sqrt{(R^2 - \Delta a_x^2) - (qd + \Delta a_y)^2} \right]$$

$$(3\text{-}26)$$

上述方法以传感器在球心坐标系下沿 X、Y 方向上的测量路径为例进行说明，只需要进行相应的坐标变换，即可扩展应用至其余测量方向，如 Y、Z 方向和 X、Z 方向。当传感器的测量方向为 Y、Z 方向时，基准点的偏差 Δa_y 和 Δa_z 可通过以下方程组得到，即

$$D_{y+q} - D_{y-q} = \sqrt{(R^2 - \Delta a_z^2) - (-qd + \Delta a_y)^2} - \sqrt{(R^2 - \Delta a_z^2) - (qd + \Delta a_y)^2}$$

$$(3\text{-}27)$$

$$D_{z+q} - D_{z-q} = \sqrt{(R^2 - \Delta a_y^2) - (-qd + \Delta a_z)^2} - \sqrt{(R^2 - \Delta a_y^2) - (qd + \Delta a_z)^2}$$

$$(3\text{-}28)$$

类似地，传感器在 Y 方向上的真实测量误差 Δe_{yq} 和在 Z 方向上的真实测量误差 Δe_{zq} 为

$$\Delta e_{yq} = (D_{yq} - D_{y0}) - \left[\sqrt{(R^2 - \Delta a_z^2) - \Delta a_y^2} - \sqrt{(R^2 - \Delta a_z^2) - (qd + \Delta a_y)^2} \right]$$

$$(3\text{-}29)$$

$$\Delta e_{zq} = (D_{zq} - D_{z0}) - \left[\sqrt{(R^2 - \Delta a_y^2) - \Delta a_z^2} - \sqrt{(R^2 - \Delta a_y^2) - (qd + \Delta a_z)^2} \right]$$

$$(3\text{-}30)$$

以图 3-17(b) 中的偏移轮廓为例，偏移轮廓的名义半径取决于偏差 Δa_y。传统方法中的最佳拟合方法通过忽略偏差 Δa_y 获得偏差 Δa_x，即计算偏移轮廓的名义半径时没有考虑偏差 Δa_y，这可能给最终结果带来误差。而本小节提出的方法将这两个偏差一起标定以获得更准确的传感器球面测量误差。

3.3.2 激光位移传感器测量球面实验

选用米克朗 UCP800Duro 型五轴联动机床的 XYZ 直线轴作为测量平台。所选用激光位移传感器和精密球型号与 R-test 测量仪保持一致，本小节选用 LK-H020 型激光位移传感器。

（1）传统球面轮廓误差扫描测量方法实验

连续扫描球面的实验配置如图 3-18 所示。机床 X 轴、Y 轴以最小运动单位依次带动激光位移传感器测量球面，直到传感器读数不再发生变化，或者向 X/Y 轴正和负方向分别移动最小单位时读数的变化量相同，此时的球面目标点即为球面基准点。设置激光位移传感器的采样周期为 $200\mu m$，X 轴、Y 轴分别带动激光位移传感器经过基准点对球面进行扫描测量。

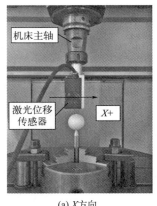 

(a) X 方向   (b) Y 方向

图 3-18   LK-H020 型激光位移传感器扫描球面实验

采用最佳拟合方法得到的三维拟合轨迹如图 3-19 所示，两条轨迹的球面误差在 XZ 平面和 YZ 平面的投影如图 3-20 所示，可以看出，基恩士 LK-H020 型激光位移传感器测量直径为 $38.1110\mathrm{mm}$ 球体时，以最高点为基准的 X、Y 方向上的测量范围可达 $\pm10\mathrm{mm}$，测量误差在 $0.02\mathrm{mm}$ 左右，且随着与基准点之间距离增加而增大，同时可知扫描测量的噪声误差可达 $0.01\mathrm{mm}$。

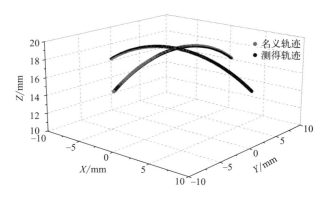

图 3-19   名义轨迹和测量轨迹

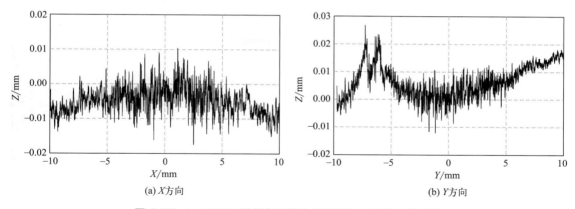

图 3-20　LK-H020 型激光位移传感器测量球面的误差结果

（2）基于基准点标定的传感器测量球面误差的测量方法实验

本节辨识并补偿了由寻找基准点而产生的偏移误差，得到了真实的激光位移传感器测量球面的误差。实验将借助基于正交位移的 R-test 测量仪，在校准其结构方向参数之后，标定其结构位置参数之前，进行测量实验。在估计两种激光位移传感器测量球面的误差的同时，也可继续验证所提 R-test 测量仪标定方法。集成后的实验步骤只须进行一次安装，如表 3-4 所示，能极大地提高实验效率。此处只描述步骤 1 的实验结果。

表 3-4　集成后的实验步骤

步骤	描述	目标参数
步骤 1	获取 LK-H020 和 LK-H050 型激光位移传感器测量球面的误差	LK-H020 型传感器的 Δa_x、Δa_y 和 Δe_q
		LK-H050 型传感器的 Δa_x、Δa_y 和 Δe_q
步骤 2	标定传感器安装位置参数误差	$\boldsymbol{\Delta}_2(\Delta x_2, \Delta y_2, \Delta z_2)$ 和 $\boldsymbol{\Delta}_3(\Delta x_3, \Delta y_3, \Delta z_3)$

R-test 测量仪的原型如图 3-21 所示。经过机床直线轴带动千分表对基座的安装平面和定位平面精度进行测量，直线度的精度范围为 0.004～0.008mm。考虑到机床直线轴的精度为 0.006mm，可将基座定位平面作为激光位移传感器定位平面的基准。依次校准三个激光位移传感器的安装方向参数误差，并利用千分表检验手动调整的结果。

本次实验的基准点为精密球的最低点，如图 3-22 所示。设置间断移动距离为 $d = 1\text{mm}$，两种激光位移传感器所测球面目标点的名义位置如图 3-23 所示。

LK-H020 和 LK-H050 型激光位移传感器的采样周期均设置为 $200\mu\text{s}$。在基准点处获取的传感器噪声误差（可能包含机床的振动误差）如图 3-24 所示，可以看出，LK-H050 型传感器的噪声误差约为 $4\mu\text{m}$，LK-H020 型传感器的噪声误差约为 $2\mu\text{m}$。为滤除噪声误差，将传感器读数的平均值作为最终的读数值，假设传感器在目标点 $\boldsymbol{P}_q$ 的读数为 $L_j(j = 1, \cdots, N)$，则测得该点的位移为

$$\overline{L_q^j} = \frac{1}{N}\sum_{j=1}^{N} L_q^j \tag{3-31}$$

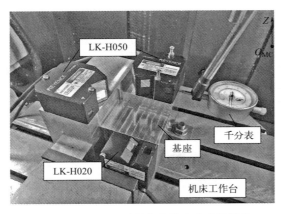

图 3-21　R-test 测量仪安装方向参数校准

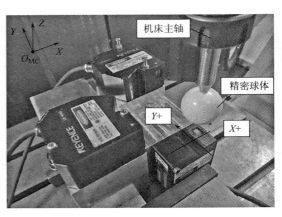

图 3-22　激光位移传感器测量球面误差实验配置

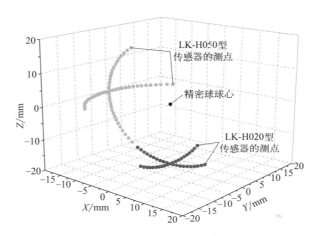

图 3-23　球面测量目标点的名义位置

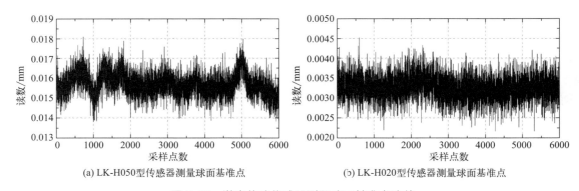

(a) LK-H050型传感器测量球面基准点　　　　(b) LK-H020型传感器测量球面基准点

图 3-24　激光位移传感器测量球面基准点读数

　　LK-H050 型传感器在 Y、Z 方向的球面误差如图 3-25 所示，LK-H020 型传感器在 X、Y 方向的球面误差如图 3-26 所示。可知 LK-H050 型传感器在直径为 38.111mm 球体上的测量范围为 ［－15mm，15mm］，LK-H020 型传感器在直径为 38.111mm 球体上的测量范围为 ［－10mm，10mm］。由此可粗略估计由两个 LK-H050 型激光位移传感器和一个 LK-

H020 型传感器组成测量系统的测量范围为：$X \in [-10\text{mm}，10\text{mm}]$，$Y \in [-10\text{mm}，10\text{mm}]$，$Z \in [-3\text{mm}，3\text{mm}]$。

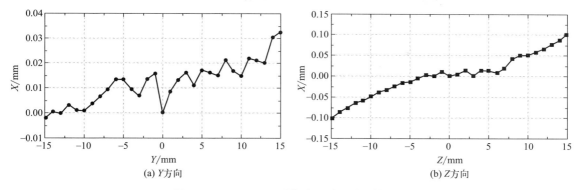

图 3-25　LK-H050 型传感器测量球面的误差

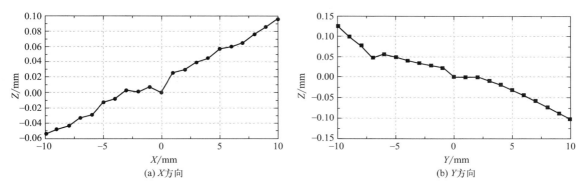

图 3-26　LK-H020 型传感器测量球面的误差

计算基准点偏差时需要选定两个对称的目标测量点，本次实验选取距离基准点最远的两点 $\boldsymbol{P}_{xQ}$ 和 $\boldsymbol{P}_{yQ}$，LK-H020 型传感器寻找基准点的偏差 Δa_x 和 Δa_y，以及 LK-H050 型传感器寻找基准点的偏差 Δa_y 和 Δa_z 分别列于表 3-5。

表 3-5　激光位移传感器寻找基准点的偏差

项目	寻找基准点的偏差/mm	
LK-H050 型传感器测量	Δa_z	0.1215
	Δa_y	-0.1850
LK-H020 型传感器测量	Δa_x	0.0135
	Δa_y	0.0810

LK-H020 及 LK-H050 型传感器测量球面的真实误差分别如图 3-27 和图 3-28 所示，可以看出：

① 虽然 LK-H020 型传感器的精度高于 LK-H050 型传感器，但是，两种型号测量球面的误差基本在 0.025mm 以内。由于 LK-H050 型传感器的测量范围大于 LK-H020 型传感器，可将 R-test 测量仪原型中的 LK-H020 型传感器替换成 LK-H050 型传感器，在保持现

有测量精度的情况下实现更大的测量范围。

② 比较图 3-20 和图 3-28 可知，虽然标定基准点方法得到的球面误差变化规律与传统方法不同，但是两者的误差范围和量级基本一致，均说明了所选用传感器和球体适合用于估计工业机器人的精度。

③ LK-H050 型传感器在 Y 方向的球面测量误差与 LK-H020 型传感器在 X 方向的球面测量误差相似，LK-H050 型传感器在 Z 方向的球面测量误差与 LK-H020 型传感器在 Y 方向的球面测量误差相似，且前两者的误差大于后两者的误差。这可能是由传感器测量方向不同造成的。为提高测量精度，应将激光位移传感器测量方向平行于传感器入射光束和反射光束形成的平面。

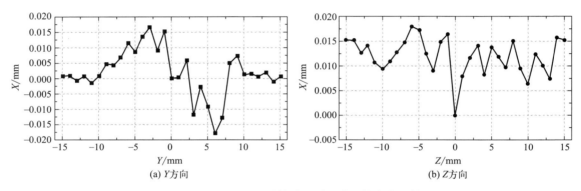

图 3-27　LK-H020 型传感器测量球面的真实误差

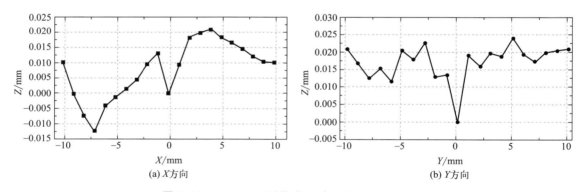

图 3-28　LK-H050 型传感器测量球面的真实误差

3.4　基于 R-test 的球心三维位移测量方法实验

本节首先对基于正交位移 R-test 测量仪的非冗余结构参数标定方法进行实验验证，再与传统的参数标定方法进行实验对比。然后将所研制的 R-test 测量仪的原型（包括测量硬件和计算软件）用于工业机器人精度的测量实验。最后，对上述实验过程中的不确定度进行分析。

3.4.1　基于粒子群算法的 R-test 结构参数标定方法实验

通过实验将基于正交位移 R-test 的非冗余结构参数标定方法与 R-test 结构参数经典标定方法进行性能比较。在所提的标定方案中，三个传感器的方向参数误差已提前校准；在未对位置参数标定之前，可通过三个传感器的近似位置获得较低精度的球心三维位置，进一步标定传感器位置参数误差。而经典方法直接标定所有传感器的方向参数和位置参数。本小节实验首先对非冗余结构参数标定方法开展标定实验及实验验证，再与经典标定方法的精度性能进行实验比较。

（1）基于正交位移 R-test 的非冗余结构参数方法标定实验

基于正交位移的 R-test 测量仪原型如图 3-29 所示。测量仪的运行流程如图 3-30 所示。根据 LK-H050 型和 LK-H020 型激光位移传感器的探测范围计算得到 R-test 的测量空间，如图 3-31 所示。考虑测量成本和测量精度，标定实验以米克朗 UCP800Duro 型五轴联动机床的三个直线轴为测量基准，为采样点提供空间名义位置。考虑到 LK-H050 型和 LK-H020 型激光位移传感器的探测范围，球心采样点的名义位置分布在半径为 3mm 的球体范围内。如图 3-32 所示，深灰色采样点（共 61个）用于辨识参数误差，浅灰色采样点（共 61

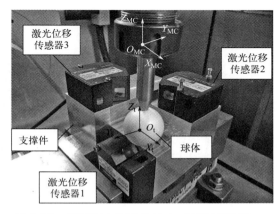

图 3-29　基于正交位移的 R-test 测量仪原型

个）用于进一步验证方法的有效性。调整球心第一个采样点位置，使其在 R-test 测量仪原点附近，此时三个激光位移传感器的读数几乎均为零。机床主轴带动球体依次移动到以此点为基准点的其余采样点。同步记录球心位于每个采样点时三个激光位移传感器探测球面的读数，结果如图 3-33 所示。

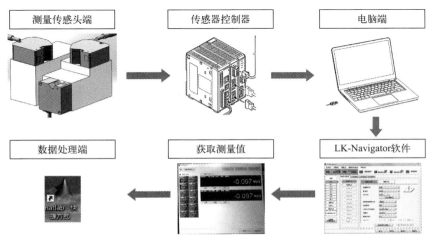

图 3-30　R-test 测量仪的运行流程

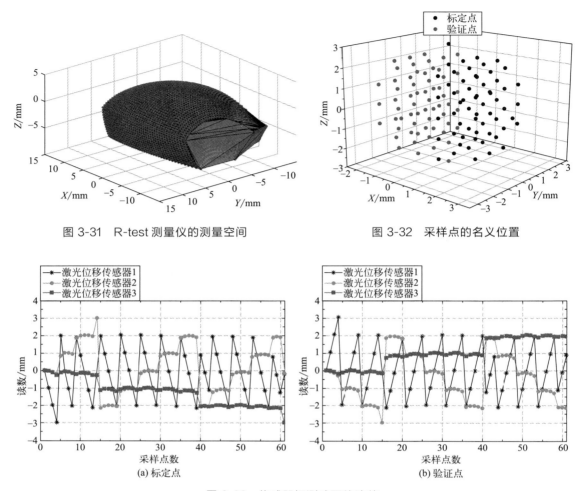

图 3-31　R-test 测量仪的测量空间　　　　　　图 3-32　采样点的名义位置

图 3-33　传感器探测球面的读数

　　主轴的指令位移为球心的名义位置，因此需要统一机床坐标系和测量系统坐标系。可借助千分表手动校准测量系统，具体操作如下：可将千分表固定在机床的工作台上，机床的 X、Y 轴分别单独带动 R-test 测量仪移动，根据千分表测量基座定位面的读数调整 R-test 测量仪的安装位置，并检验调整后的精度。校准后，机床坐标系坐标轴与 R-test 测量仪坐标系坐标轴平行，但机床坐标系 Y 方向与测量系统坐标系 Y 方向相反。在获取球心名义采样位置时，需要将机床移动指令从机床坐标系（MC）变换为测量坐标系（t），变换矩阵为

$$
{}_{\text{MC}}^{\text{t}}R = \begin{bmatrix} 1 & 0 & 0 \\ 0 & -1 & 0 \\ 0 & 0 & 1 \end{bmatrix} \tag{3-32}
$$

　　非冗余结构参数方法辨识得到的传感器位置参数误差如表 3-6 所示。R-test 测得补偿后采样点的位置如图 3-34 所示。计算得到标定点补偿前后的位置误差如图 3-35(a) 所示，验证点检验该方法对非标定点的补偿效果，验证结果如图 3-35(b) 所示。可以看出，该方法

不仅使得标定点位置误差大幅减小，其所辨识参数对非标定点依然有很好的补偿效果。验证点和标定点补偿前后位置误差的统计结果如表 3-7 所示，其各项统计指标的误差均降低了 80%以上，补偿后，所有采样点的平均位置误差为 0.01mm。通过标定实验和验证实验证明了基于正交位移 R-test 的非冗余结构参数标定方法的可行性和有效性。另外，标定测量程序和验证测量程序的起始点名义位置相同，标定完成后，根据这两点的位置测量值计算得到系统的重复位置误差为 0.007mm。

表 3-6　非冗余结构参数方法辨识的位置参数误差

项目	名义位置/mm	位置误差/mm
传感器 1	(0,0,−39)	—
传感器 2	(0,−69,0)	(0.203,−0.572,0.392)
传感器 3	(−69,0,0)	(−0.054,0.144,−0.241)

(a) 标定点　(b) 验证点

图 3-34　测得采样点补偿前后的位置

(a) 标定点　(b) 验证点

图 3-35　非冗余结构参数方法补偿前后的位置误差

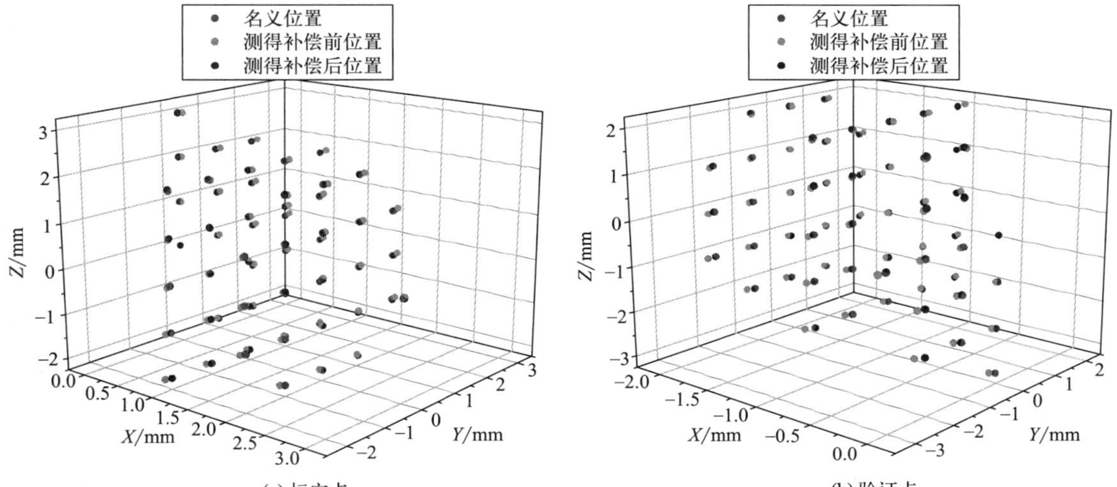

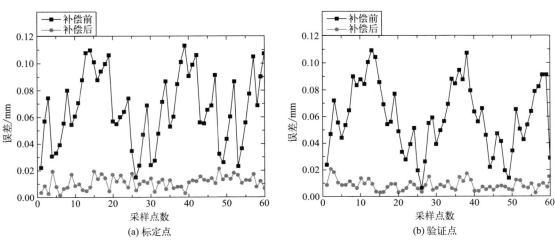

综上所述，所设计测量系统原型的测量空间如图 3-31 所示，粗略的测量范围为 $X \in$ $[-10\text{mm}，10\text{mm}]$，$Y \in [-10\text{mm}，10\text{mm}]$，$Z \in [-3\text{mm}，3\text{mm}]$，安全的测量空间为直径 6mm 的球体，位置精度为 $[0，0.02\text{mm}]$，重复位置精度为 0.007mm。需要说明的是，R-test 测量仪原型是以位置精度为 0.008mm 的三个直线轴为基准进行的标定实验，若需要获得更高的标定精度，可使用更高精度的设备，如三坐标测量仪；本实验为验证方法的性能只选取了测量仪可测空间内的部分点作为标定点，从表 3-7 可知，非冗余结构参数方法对非标定点的补偿精度略微下降。因此在实际应用中，采样点应尽量覆盖可测空间；补偿后位置误差的最大值为 0.022mm。由 3.3.2 节的实验结果可知，激光位移传感器在本次实验测量范围内探测球面的误差约在 0.02mm 以内。

表 3-7　补偿前后的位置误差

项目	标定点			验证点		
	最大值/mm	平均值/mm	标准差/mm	最大值/mm	平均值/mm	标准差/mm
补偿前	0.109	0.059	0.026	0.113	0.066	0.027
补偿后	0.021	0.009	0.004	0.022	0.011	0.005
提升率	80.73%	84.75%	84.62%	80.53%	83.33%	81.48%

（2）与经典标定方法的对比实验

采用与非冗余结构参数标定方法相同的采样数据，经典方法辨识得到三个传感器的方向参数和位置参数，如表 3-8 所示。利用经典方法所辨识参数获取球心三维位置，需要注意的是：经典方法定义的传感器位置为图 3-12 中的 $\boldsymbol{P}_i$ 点，非冗余结构参数标定方法定义的传感器位置为图 3-12 中的 $\boldsymbol{P}_{ij}$ 点。标定点和验证点的位置误差如图 3-36 所示。经典方法将标定

表 3-8　经典方法辨识的激光位移传感器的位置参数和方向参数

项目	名义位置/mm	辨识位置/mm	名义单位向量	辨识单位向量
传感器 1	$(0,0,-19.056)$	$(0.039,-0.548,-19.048)$	$(0,0,1)$	$(-0.018,0.017,1.000)$
传感器 2	$(0,-19.056,0)$	$(0.238,-19.051,0.350)$	$(0,1,0)$	$(0.014,1.000,0.003)$
传感器 3	$(-19.056,0,0)$	$(-19.056,0.000,0.000)$	$(1,0,0)$	$(1.000,0.000,0.000)$

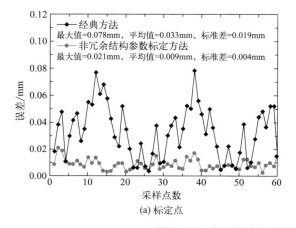
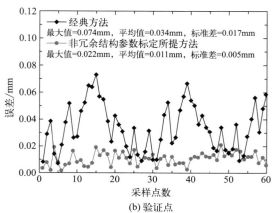

图 3-36　非冗余结构参数标定方法与经典方法对比

点位置误差的最大值、平均值、标准差分别降低了 28.44％、42.37％、26.92％，将验证点位置误差的最大值、平均值、标准差分别降低了 34.51％，48.48％，37.04％。可以看出，由经典法标定后，标定点和验证点的位置精度均较低；不同位置点的位置误差波动较大（对距离较远的位置点补偿较差）。此次对比实验验证了所提非冗余结构参数标定方法的优越性。

3.4.2　R-test 测量工业机器人精度实验

为评价所研制基于正交位移的 R-test 测量仪原型的测量结果，以激光跟踪仪测量机器人精度作为对比参考。设计的测量程序如表 3-9 所示，共包括重复位置误差、圆度误差、回程误差和距离误差四种项目。其中重复位置误差在两个不同位姿下进行，并测量这两个位姿处的圆度误差和回程误差，由于激光跟踪仪的构型很难测量圆度误差，采用空间散布点的距离误差项目作为对照。

表 3-9　机器人精度测量程序

测量仪器	运动程序	所测量误差项目
所设计测量系统	正向运动:围绕工具坐标系的 Z 轴旋转一圈	圆度误差
	反向运动:从相反方向重复上述正向运动	圆度误差、回程误差
	位姿重复:从相同的方向到达指令位姿	重复位置误差
	空间散布点(借助机床直线轴)	距离误差
徕卡 AT960 型激光跟踪仪	空间散布点	距离误差

在华数 HSR-JR605 型机器人上进行实验，其由六个旋转轴串联而成，机器人的机械结构和运动范围如图 3-37(a)(b) 所示。R-test 测量仪测量重复位置误差、圆度误差、回程误差的实验配置如图 3-37(c)～(e) 所示。在两个不同位姿处，机器人第六轴中心围绕工具中心 Z 轴转动一周，其采样点分布如图 3-38 所示。在圆度性能测量程序中，位姿 1 和位姿 2 处分别采集 70 个和 64 个采样点。另外，所设计测量系统也可连续采样圆度误差。测得位姿 1 和位姿 2 处相对起始点的三维位置分别如图 3-39(a) 和图 3-40(a) 所示。由于工具中心的名义位置相同，圆度误差即相对起始点的距离误差，在位姿 1 和位姿 2 处测量得到的圆度误差分别如图 3-39(b) 和图 3-40(b) 所示。利用相同名义位置的正向运动和反向运动之间的实际位置差值得到回程误差，结果分别如图 3-39(c) 和图 3-40(c) 所示。

在位姿重复性能的测量程序中，从位姿 1 起始点到位姿 2 起始点的测量过程共重复 10 次。位姿 2 处的三维位置和重复位置误差如图 3-41 所示。根据 ISO 9283，令 RP 表示工具中心在位姿 2 处的重复位置误差，计算可得

$$RP = 0.060\text{mm}$$

综上所述，所设计 R-test 测量仪原型可以用于评估工业机器人的精度性能。除了圆度精度、重复位置精度、距离精度外，其还可以用于其他精度性能（如距离重复位置精度）的测量。采集得到的误差数据（如圆度误差和距离误差）可用于标定机器人运动学参数。

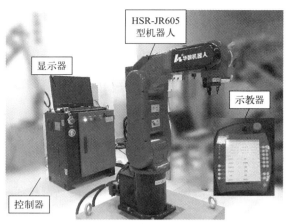

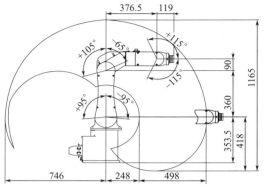

(a) 工业机器人结构　　　　　　　　(b) 工业机器人运动范围(尺寸单位：mm)

(c) 位姿1　　　　　　　(d) 位姿2　　　　　　　(e) 激光跟踪仪

图 3-37　HSR-JR605型工业机器人的结构、运动范围与精度测量配置

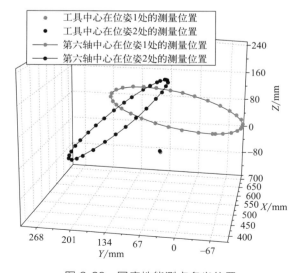

图 3-38　圆度性能测点名义位置

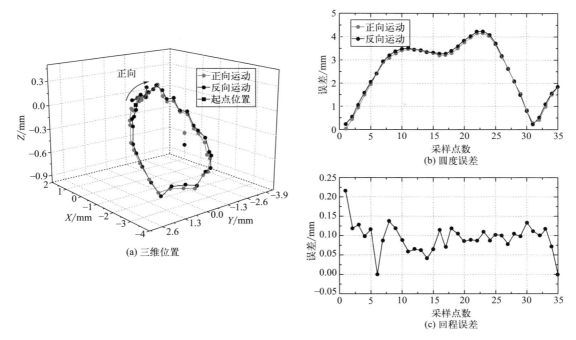

图 3-39 位姿 1 处的圆度测量结果

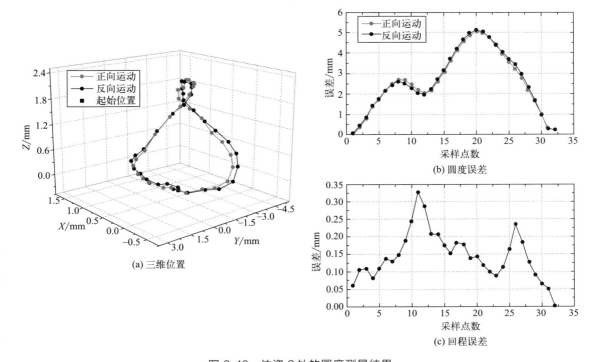

图 3-40 位姿 2 处的圆度测量结果

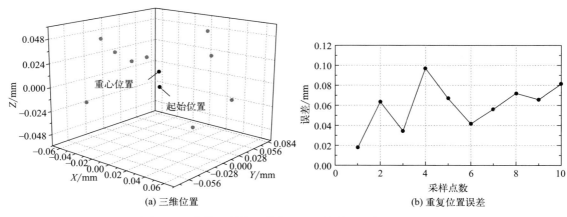

(a) 三维位置 (b) 重复位置误差

图 3-41　位姿 2 处的三维位置和重复位置误差测量结果

　　本章从测量范围和测量精度指标出发，首先改进了传统 R-test 测量方法，通过正交一维位移优化了 R-test 构型，使得测量范围分布均匀，在分步校准策略的基础上，设计了非冗余结构参数标定方法，进一步提高了仪器的整体测量精度。然后设计了基于基准点标定的传感器测量球面误差的测量方法，获得了 LK-H020 和 LK-H050 型激光位移传感器测量球面的真实误差，为传感器选型提供了指导。最后，搭建了基于正交位移的 R-test 测量仪原型，对比验证了所提 R-test 非冗余结构参数辨识方法的性能，并通过工业机器人末端精度评估实验证明了该测量系统的实用性。

第4章

基于LSM-PSO算法的机器人运动学参数标定

4.1 概述

本章首先基于经典 DH 法则，建立垂直六关节型工业机器人的运动学正解和反解模型。然后引入连杆变换，推导工业机器人整个运动链的运动学参数误差模型。其次，针对位置误差模型的运动学参数辨识方法不精确的问题，一方面，采用三个独立的参数表示手眼旋转矩阵，避免额外的正交化旋转矩阵程序带来的不确定度；另一方面，在分离手眼关系中位置参数和姿态参数的基础上，提出一种基于 LSM-PSO 的辨识算法，得到最优运动学参数误差下的手眼姿态参数，保证辨识结果的全局最优性。同时，为解决距离误差模型的运动学参数辨识方法基于假设条件和局限性的问题，通过推导运动学参数误差与距离误差的关系，剔除距离误差辨识模型中的冗余参数。

4.2 工业机器人运动学正解和反解模型

4.2.1 经典 DH 法则

在工业机器人的运动学控制中，一般采用经典 DH 法则的四个参数（ a 、 α 、 d 和 θ ）描述相邻连杆坐标系的几何关系。经典 DH 法则对连杆坐标系的定义如图 4-1 所示。连杆坐标系 $\{i\}$ 相对于 $\{i-1\}$ 的变换可分解为四个子变换：绕 x_{i-1} 轴旋转 α_{i-1} 角；沿 x_{i-1} 轴移动 a_{i-1} ；绕 z_i 轴旋转 θ_i 角；沿 z_i 轴移动 d_i 。

按照上述子变换原则，可得连杆的齐次变换矩阵通式为

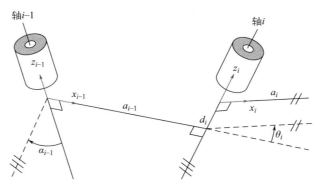

图 4-1　连杆坐标系

$$
\boldsymbol{T}_i = \begin{bmatrix} \cos\theta_i & -\sin\theta_i & 0 & a_{i-1} \\ \sin\theta_i\cos\alpha_{i-1} & \cos\theta_i\cos\alpha_{i-1} & -\sin\alpha_{i-1} & -d_i\sin\alpha_{i-1} \\ \sin\theta_i\sin\alpha_{i-1} & \cos\theta_i\sin\alpha_{i-1} & \cos\alpha_{i-1} & d_i\cos\alpha_{i-1} \\ 0 & 0 & 0 & 1 \end{bmatrix}
\tag{4-1}
$$

4.2.2　垂直六关节型工业机器人运动学正解和反解模型

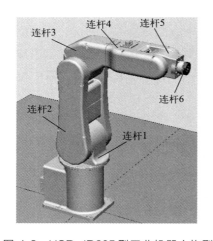

图 4-2　HSR-JR605 型工业机器人构型

由于本书所用工业机器人运动学的子变换分解顺序与其他文献不同，有必要根据该齐次变换矩阵通式，推导工业机器人控制器中的运动学正解和反解模型，为运动学误差参数标定奠定基础。

垂直六关节型工业机器人的第一、第二关节轴线与第三关节轴线相交于一点，第四、五、六关节轴线相交于一点。华数 HSR-JR605 型工业机器人的构型如图 4-2 所示。根据经典 DH 法则建立的连杆坐标系如图 4-3 所示，各个连杆运动学参数如表 4-1 所示。

表 4-1　HSR-JR605 型工业机器人的连杆参数

i	a_{i-1} /mm	α_{i-1} /(°)	d_i /mm	θ_i /(°)
1	0	0	0	θ_1 (0°)
2	0	90	0	θ_2 (90°)
3	360	0	0	θ_3 (0°)
4	90	90	376.5	θ_4 (0°)

i	a_{i-1}/mm	$\alpha_{i-1}/(°)$	d_i/mm	$\theta_i/(°)$
5	0	-90	0	$\theta_5\,(-90°)$
6	0	90	119	$\theta_6\,(0°)$

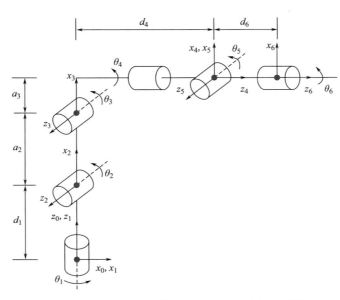

图 4-3　HSR-JR605 型工业机器人各连杆坐标系

由齐次变换通式可计算各个连杆的变换矩阵，简化后得到

$$\left\{\begin{array}{l} \boldsymbol{T}_1=\begin{bmatrix} c\theta_1 & -s\theta_1 & 0 & 0 \\ s\theta_1 & c\theta_1 & 0 & 0 \\ 0 & 0 & 1 & 0 \\ 0 & 0 & 0 & 1 \end{bmatrix};\boldsymbol{T}_2=\begin{bmatrix} c\theta_2 & -s\theta_2 & 0 & 0 \\ 0 & 0 & -1 & 0 \\ s\theta_2 & c\theta_2 & 0 & 0 \\ 0 & 0 & 0 & 1 \end{bmatrix};\boldsymbol{T}_3=\begin{bmatrix} c\theta_3 & -s\theta_3 & 0 & a_2 \\ s\theta_3 & c\theta_3 & 0 & 0 \\ 0 & 0 & 1 & 0 \\ 0 & 0 & 0 & 1 \end{bmatrix} \\[2em] \boldsymbol{T}_4=\begin{bmatrix} c\theta_4 & -s\theta_4 & 0 & a_3 \\ 0 & 0 & -1 & -d_4 \\ s\theta_4 & c\theta_4 & 0 & 0 \\ 0 & 0 & 0 & 1 \end{bmatrix};\boldsymbol{T}_5=\begin{bmatrix} c\theta_5 & -s\theta_5 & 0 & 0 \\ 0 & 0 & 1 & 0 \\ -s\theta_5 & -c\theta_5 & 0 & 0 \\ 0 & 0 & 0 & 1 \end{bmatrix};\boldsymbol{T}_6=\begin{bmatrix} c\theta_6 & -s\theta_6 & 0 & 0 \\ 0 & 0 & -1 & 0 \\ s\theta_6 & c\theta_6 & 0 & 0 \\ 0 & 0 & 0 & 1 \end{bmatrix} \end{array}\right.$$

$$(4\text{-}2)$$

式中，$s\theta_i=\sin\theta_i$；$c\theta_i=\cos\theta_i$；$i=1$，2，3，4，5，6。

各连杆齐次变换矩阵相乘可得到机器人末端坐标系相对于基坐标系的位置和姿态，即

$$\boldsymbol{T}=\boldsymbol{T}_1(\theta_1)\boldsymbol{T}_2(\theta_2)\boldsymbol{T}_3(\theta_3)\boldsymbol{T}_4(\theta_4)\boldsymbol{T}_5(\theta_5)\boldsymbol{T}_6(\theta_6) \qquad (4\text{-}3)$$

具体步骤如下：

$$\boldsymbol{T}_2(\theta_2)\boldsymbol{T}_3(\theta_3) = \begin{bmatrix} c_{23} & -s_{23} & 0 & a_2c_2 \\ 0 & 0 & -1 & 0 \\ s_{23} & c_{23} & 0 & a_2s_2 \\ 0 & 0 & 0 & 1 \end{bmatrix} \tag{4-4}$$

$$\boldsymbol{T}_4(\theta_4)\boldsymbol{T}_5(\theta_5)\boldsymbol{T}_6(\theta_6) = \begin{bmatrix} c_4c_5c_6-s_4s_6 & -c_4c_5s_6-s_4c_6 & c_4s_5 & a_3 \\ s_5c_6 & -s_5s_6 & -c_5 & -d_4 \\ s_4c_5c_6+c_4s_6 & -s_4c_5s_6+c_4c_6 & s_4s_5 & 0 \\ 0 & 0 & 0 & 1 \end{bmatrix} \tag{4-5}$$

式中，$s_i = \sin\theta_i$；$c_i = \cos\theta_i$；$i = 1,2,3,4,5,6$；$s_{23} = \sin(\theta_2+\theta_3)$；$c_{23} = \cos(\theta_2+\theta_3)$。

再将式（4-4）与式（4-5）相乘，可得

$$\boldsymbol{T}_2(\theta_2)\boldsymbol{T}_3(\theta_3)\boldsymbol{T}_4(\theta_4)\boldsymbol{T}_5(\theta_5)\boldsymbol{T}_6(\theta_6) = \begin{bmatrix} {}^1n_x & {}^1o_x & {}^1a_x & {}^1p_x \\ {}^1n_y & {}^1o_y & {}^1a_y & {}^1p_y \\ {}^1n_z & {}^1o_z & {}^1a_z & {}^1p_z \\ 0 & 0 & 0 & 1 \end{bmatrix} \tag{4-6}$$

式中，

$$\begin{cases} {}^1n_x = c_{23}(c_4c_5c_6-s_4s_6)-s_{23}s_5c_6 \\ {}^1n_y = -s_4c_5c_6-c_4s_6 \\ {}^1n_z = s_{23}(c_4c_5c_6-s_4s_6)+c_{23}s_5c_6 \\ {}^1o_x = -c_{23}(c_4c_5s_6+s_4c_6)+s_{23}s_5s_6 \\ {}^1o_y = s_4c_5s_6-c_4c_6 \\ {}^1o_z = -s_{23}(c_4c_5s_6+s_4c_6)-c_{23}s_5s_6 \\ {}^1a_x = c_{23}c_4s_5+s_{23}c_5 \\ {}^1a_y = -s_4s_5 \\ {}^1a_z = s_{23}c_4s_5-c_{23}c_5 \\ {}^1p_x = a_3c_{23}+d_4s_{23}+a_2c_2 \\ {}^1p_y = 0 \\ {}^1p_z = a_3s_{23}-d_4c_{23}+a_2s_2 \end{cases}$$

即可求得机器人的运动学正解模型为

$$T = T_1(\theta_1) T_2(\theta_2) T_3(\theta_3) T_4(\theta_4) T_5(\theta_5) T_6(\theta_6) = \begin{bmatrix} R & & & P \\ 0 & 0 & 0 & 1 \end{bmatrix} = \begin{bmatrix} n_x & o_x & a_x & p_x \\ n_y & o_y & a_y & p_y \\ n_z & o_z & a_z & p_z \\ 0 & 0 & 0 & 1 \end{bmatrix}$$

$$(4\text{-}7)$$

式中，

$$\begin{cases} n_x = c_1[c_{23}(c_4 c_5 c_6 - s_4 s_6) - s_{23} s_5 c_6] + s_1(s_4 c_5 c_6 + c_4 s_6) \\ n_y = s_1[c_{23}(c_4 c_5 c_6 - s_4 s_6) - s_{23} s_5 c_6] - c_1(s_4 c_5 c_6 + c_4 s_6) \\ n_z = s_{23}(c_4 c_5 c_6 - s_4 s_6) + c_{23} s_5 c_6 \\ o_x = c_1[-c_{23}(c_4 c_5 s_6 + s_4 c_6) + s_{23} s_5 s_6] - s_1(s_4 c_5 s_6 - c_4 c_6) \\ o_y = s_1[-c_{23}(c_4 c_5 s_6 + s_4 c_6) + s_{23} s_5 s_6] - c_1(-s_4 c_5 s_6 + c_4 c_6) \\ o_z = -s_{23}(c_4 c_5 s_6 + s_4 c_6) - c_{23} s_5 s_6 \\ a_x = c_1(c_{23} c_4 s_5 + s_{23} c_5) + s_1 s_4 s_5 \\ a_y = s_1(c_{23} c_4 s_5 + s_{23} c_5) - c_1 s_4 s_5 \\ a_z = s_{23} c_4 s_5 - c_{23} c_5 \\ p_x = c_1(a_3 c_{23} + d_4 s_{23} + a_2 c_2) \\ p_y = s_1(a_3 c_{23} + d_4 s_{23} + a_2 c_2) \\ p_z = a_3 s_{23} - d_4 c_{23} + a_2 s_2 \end{cases}$$

利用机器人末端的位置和姿态，通过解析解法中的反变换法求解得到各个关节的关节角，即机器人的运动学反解模型，具体步骤如下：

（1）求 θ_1

用逆变换 $T_1^{-1}(\theta_1)$ 左乘式（4-7）矩阵方程两边，即

$$T_1^{-1}(\theta_1) T = T_2(\theta_2) T_3(\theta_3) T_4(\theta_4) T_5(\theta_5) T_6(\theta_6)$$

$$\begin{bmatrix} c_1 & s_1 & 0 & 0 \\ -s_1 & c_1 & 0 & 0 \\ 0 & 0 & 1 & 0 \\ 0 & 0 & 0 & 1 \end{bmatrix} \begin{bmatrix} n_x & o_x & a_x & p_x \\ n_y & o_y & a_y & p_y \\ n_z & o_z & a_z & p_z \\ 0 & 0 & 0 & 1 \end{bmatrix} = \begin{bmatrix} {}^1 n_x & {}^1 o_x & {}^1 a_x & {}^1 p_x \\ {}^1 n_y & {}^1 o_y & {}^1 a_y & {}^1 p_y \\ {}^1 n_z & {}^1 o_z & {}^1 a_z & {}^1 p_z \\ 0 & 0 & 0 & 1 \end{bmatrix}$$

$$(4\text{-}8)$$

令矩阵方程式（4-8）两边的元素（2，4）对应相等，可建立方程如下：

$$-s_1 p_x + c_1 p_y = 0 \tag{4-9}$$

利用三角公式可求得

$$\theta_1 = A\tan2(p_y, p_x) \tag{4-10}$$

（2）求 θ_3

令矩阵方程式（4-8）两边的元素（1，4）和（3，4）分别对应相等，可建立方程如下：

$$\begin{cases} c_1 p_x + s_1 p_y = a_3 c_{23} + d_4 s_{23} + a_2 c_2 \\ p_z = a_3 s_{23} - d_4 c_{23} + a_2 s_2 \end{cases} \tag{4-11}$$

式（4-9）与式（4-11）的平方和为

$$a_3 c_3 + d_4 s_3 = k \tag{4-12}$$

式中，$k = \dfrac{p_x^2 + p_y^2 + p_z^2 - a_2^2 - a_3^2 - d_4^2}{2a_2}$。

利用三角代换求解得到

$$\theta_3 = A\tan2(a_3, -d_4) - A\tan2(k, \pm\sqrt{a_3^2 + d_4^2 - k^2}) \tag{4-13}$$

（3）求 θ_2

用逆变换 $[\boldsymbol{T}_1(\theta_1)\boldsymbol{T}_2(\theta_2)\boldsymbol{T}_3(\theta_3)]^{-1}$ 左乘式（4-7）矩阵方程两边，即

$$[\boldsymbol{T}_1(\theta_1)\boldsymbol{T}_2(\theta_2)\boldsymbol{T}_3(\theta_3)]^{-1}\boldsymbol{T} = \boldsymbol{T}_4(\theta_4)\boldsymbol{T}_5(\theta_5)\boldsymbol{T}_6(\theta_6)$$

$$\begin{bmatrix} c_1 c_{23} & s_1 c_{23} & s_{23} & -a_2 c_3 \\ -c_1 s_{23} & -s_1 s_{23} & c_{23} & a_2 s_3 \\ s_1 & -c_1 & 0 & 0 \\ 0 & 0 & 0 & 1 \end{bmatrix} \begin{bmatrix} n_x & o_x & a_x & p_x \\ n_y & o_y & a_y & p_y \\ n_z & o_z & a_z & p_z \\ 0 & 0 & 0 & 1 \end{bmatrix}$$

$$= \begin{bmatrix} c_4 c_5 c_6 - s_4 s_6 & -c_4 c_5 s_6 - s_4 c_6 & c_4 s_5 & a_3 \\ s_5 c_6 & -s_5 s_6 & -c_5 & -d_4 \\ s_4 c_5 c_6 + c_4 s_6 & -s_4 c_5 s_6 + c_4 c_6 & s_4 s_5 & 0 \\ 0 & 0 & 0 & 1 \end{bmatrix} \tag{4-14}$$

令矩阵方程式（4-14）两边的元素（1，4）和（2，4）分别对应相等，可建立方程如下：

$$\begin{cases} c_1 c_{23} p_x + s_1 c_{23} p_y + s_{23} p_z - a_2 c_3 = a_3 \\ -c_1 s_{23} p_x - s_1 s_{23} p_y + c_{23} p_z + a_2 s_3 = -d_4 \end{cases} \tag{4-15}$$

联立式（4-15）中的两个方程可以得到

$$s_{23} = \frac{(a_3 + a_2 c_3) p_z + (c_1 p_x + s_1 p_y)(a_2 s_3 + d_4)}{p_z^2 + (c_1 p_x + s_1 p_y)^2}$$

$$c_{23} = \frac{-(d_4 + a_2 s_3) p_z + (c_1 p_x + s_1 p_y)(a_2 c_3 + a_3)}{p_z^2 + (c_1 p_x + s_1 p_y)^2} \tag{4-16}$$

求解得到

$$\theta_2 + \theta_3 = A\tan2\left[(a_3 + a_2 c_3) p_z + (c_1 p_x + s_1 p_y)(a_2 s_3 + d_4) \right. \\ \left. -(d_4 + a_2 s_3) p_z + (c_1 p_x + s_1 p_y)(a_2 c_3 + a_3)\right] \tag{4-17}$$

于是可得到 θ_2，即

$$\theta_2 = A\tan2\left[(a_3 + a_2 c_3) p_z + (c_1 p_x + s_1 p_y)(a_2 s_3 + d_4) \right. \\ \left. -(d_4 + a_2 s_3) p_z + (c_1 p_x + s_1 p_y)(a_2 c_3 + a_3)\right] - \theta_3 \tag{4-18}$$

（4）求 θ_4

令矩阵方程式（4-14）两边的元素（1，3）和（3，3）分别对应相等，可建立方程如下：

$$\begin{cases} c_1 c_{23} a_x + s_1 c_{23} a_y + s_{23} a_z = c_4 s_5 \\ s_1 a_x - c_1 a_y = s_4 s_5 \end{cases} \tag{4-19}$$

若 $s_5 \neq 0$，则求得 θ_4 如下：

$$\theta_4 = A\tan2(s_1 a_x - c_1 a_y, c_1 c_{23} a_x + s_1 c_{23} a_y + s_{23} a_z) \tag{4-20}$$

若 $s_5 = 0$，则机器人处于奇异形位，可任意选取 θ_4 的值。

（5）可用与求解 θ_4 相同的方法，求解 θ_5

用逆变换 $[T_1(\theta_1) T_2(\theta_2) T_3(\theta_3) T_4(\theta_4)]^{-1}$ 左乘式（4-7）两边，即

$$[T_1(\theta_1) T_2(\theta_2) T_3(\theta_3) T_4(\theta_4)]^{-1} T = T_5(\theta_5) T_6(\theta_6) \tag{4-21}$$

令矩阵方程式（4-21）两边的元素（1，3）和（3，4）分别对应相等，可求解得到 θ_5，即

$$\theta_5 = A\tan2[a_x(c_1c_{23}c_4 + s_1s_4) + a_y(s_1c_4c_{23} - c_1s_4) + a_zs_{23}c_4$$
$$a_xc_1s_{23} + a_ys_1s_{23} - a_zc_{23}] \tag{4-22}$$

（6）可用与求解 θ_5 相同的方法，求解 θ_6：

用逆变换 $\left[T_1(\theta_1)T_2(\theta_2)T_3(\theta_3)T_4(\theta_4)T_5(\theta_5)\right]^{-1}$ 左乘式（4-7）两边，即

$$\left[T_1(\theta_1)T_2(\theta_2)T_3(\theta_3)T_4(\theta_4)T_5(\theta_5)\right]^{-1}T = T_6(\theta_6) \tag{4-23}$$

令矩阵方程式（4-23）两边的元素（3，1）和（1，1）分别对应相等，可求解得到 θ_6，即

$$\theta_6 = A\tan2[n_x(-c_1s_4c_{23} + s_1c_4) + n_y(-s_1s_4c_{23} - c_1c_4) - n_zs_{23}s_4, n_x[c_1(c_1c_4c_{23} + s_1c_4)$$
$$- s_5c_1s_{23}] + n_y[c_5(s_1c_4c_{23} - c_1s_4) - s_5s_1s_{23}] + n_z(c_5s_{23}c_4 + s_5c_{23})] \tag{4-24}$$

4.3 工业机器人运动学参数误差模型

4.3.1 单个连杆误差参数模型

由工业机器人的正向运动学方程可知，末端位姿由四个连杆参数计算得到，因此，假设工业机器人末端位姿的微小偏移均是由连杆参数的微小误差导致的，可以得到

$$\Delta T_i = \frac{\partial T_i}{\partial a_{i-1}}\Delta a_{i-1} + \frac{\partial T_i}{\partial \alpha_{i-1}}\Delta \alpha_{i-1} + \frac{\partial T_i}{\partial d_i}\Delta d_i + \frac{\partial T_i}{\partial \theta_i}\Delta \theta_i = T_i\delta T_i \tag{4-25}$$

式中，ΔT_i（$i=1，\cdots，I$）为矩阵的偏移误差；Δa_{i-1}、$\Delta \alpha_{i-1}$、Δd_i 和 $\Delta \theta_i$ 为相应的连杆参数误差；δT_i 为微分矩阵。

结合式（4-1），对 θ_i 微分可得

$$\frac{\partial T_i}{\partial \theta_i} = \begin{bmatrix} -s\theta_i & -c\theta_i & 0 & 0 \\ c\theta_ic\alpha_{i-1} & -s\theta_ic\alpha_{i-1} & 0 & 0 \\ c\theta_is\alpha_{i-1} & -s\theta_is\alpha_{i-1} & 0 & 0 \\ 0 & 0 & 0 & 0 \end{bmatrix} \tag{4-26}$$

将上式表示为

$$\frac{\partial \boldsymbol{T}_i}{\partial \theta_i} = \boldsymbol{T}_i \boldsymbol{W}_\theta \tag{4-27}$$

求得 $\boldsymbol{W}_\theta$ 如下：

$$\boldsymbol{W}_\theta = \boldsymbol{T}_i^{-1} \frac{\partial \boldsymbol{T}_i}{\partial \theta_i} = \boldsymbol{T}_i^{-1} \begin{bmatrix} -s\theta_i & -c\theta_i & 0 & 0 \\ c\theta_i c\alpha_{i-1} & -s\theta_i c\alpha_{i-1} & 0 & 0 \\ c\theta_i s\alpha_{i-1} & -s\theta_i s\alpha_{i-1} & 0 & 0 \\ 0 & 0 & 0 & 0 \end{bmatrix} = \begin{bmatrix} 0 & -1 & 0 & 0 \\ 1 & 0 & 0 & 0 \\ 0 & 0 & 0 & 0 \\ 0 & 0 & 0 & 0 \end{bmatrix} \tag{4-28}$$

式中

$$\boldsymbol{T}_i^{-1} = \begin{bmatrix} c\theta_i & s\theta_i c\alpha_{i-1} & s\theta_i s\alpha_{i-1} & 0 \\ -s\theta_i & c\theta_i c\alpha_{i-1} & c\theta_i s\alpha_{i-1} & 0 \\ 0 & -s\alpha_{i-1} & c\alpha_{i-1} & 0 \\ 0 & 0 & 0 & 0 \end{bmatrix} \tag{4-29}$$

相似地，可以得到

$$\boldsymbol{W}_a = \boldsymbol{T}_i^{-1} \frac{\partial \boldsymbol{T}_i}{\partial a_{i-1}} = \boldsymbol{T}_i^{-1} \begin{bmatrix} 0 & 0 & 0 & 1 \\ 0 & 0 & 0 & 0 \\ 0 & 0 & 0 & 0 \\ 0 & 0 & 0 & 0 \end{bmatrix} = \begin{bmatrix} 0 & 0 & 0 & c\theta_i \\ 0 & 0 & 0 & -s\theta_i \\ 0 & 0 & 0 & 0 \\ 0 & 0 & 0 & 0 \end{bmatrix} \tag{4-30}$$

$$\boldsymbol{W}_d = \boldsymbol{T}_i^{-1} \frac{\partial \boldsymbol{T}_i}{\partial d_i} = \boldsymbol{T}_i^{-1} \begin{bmatrix} 0 & 0 & 0 & 0 \\ 0 & 0 & 0 & -s\alpha_{i-1} \\ 0 & 0 & 0 & c\alpha_{i-1} \\ 0 & 0 & 0 & 0 \end{bmatrix} = \begin{bmatrix} 0 & 0 & 0 & 0 \\ 0 & 0 & 0 & 0 \\ 0 & 0 & 0 & 1 \\ 0 & 0 & 0 & 0 \end{bmatrix} \tag{4-31}$$

$$\boldsymbol{W}_\alpha = \boldsymbol{T}_i^{-1} \frac{\partial \boldsymbol{T}_i}{\partial \alpha_{i-1}} = \boldsymbol{T}_i^{-1} \begin{bmatrix} 0 & 0 & 0 & 0 \\ -s\theta_i s\alpha_{i-1} & -c\theta_i s\alpha_{i-1} & -c\alpha_{i-1} & -d_i c\alpha_{i-1} \\ s\theta_i c\alpha_{i-1} & c\theta_i c\alpha_{i-1} & -s\alpha_{i-1} & -d_i s\alpha_{i-1} \\ 0 & 0 & 0 & 0 \end{bmatrix}$$

$$= \begin{bmatrix} 0 & 0 & -s\theta_i & -d_i s\theta_i \\ 0 & 0 & -c\theta_i & -d_i c\theta_i \\ s\theta_i & c\theta_i & 0 & 0 \\ 0 & 0 & 0 & 0 \end{bmatrix} \tag{4-32}$$

结合式（4-28）、式（4-30）～式（4-32），可以得到微分矩阵 δT_i：

$$\delta T_i = T_i^{-1}\frac{\partial T_i}{\partial a_{i-1}}\Delta a_{i-1} + T_i^{-1}\frac{\partial T_i}{\partial \alpha_{i-1}}\Delta \alpha_{i-1} + T_i^{-1}\frac{\partial T_i}{\partial d_i}\Delta d_i + T_i^{-1}\frac{\partial T_i}{\partial \theta_i}\Delta \theta_i$$

$$= \begin{bmatrix} 0 & -\Delta \theta_i & -s\theta_i \Delta \alpha_{i-1} & c\theta_i \Delta a_{i-1} - d_i s\theta_i \Delta \alpha_{i-1} \\ \Delta \theta_i & 0 & -c\theta_i \Delta \alpha_{i-1} & -s\theta_i \Delta a_{i-1} - d_i c\theta_i \Delta \alpha_{i-1} \\ s\theta_i \Delta \alpha_{i-1} & c\theta_i \Delta \alpha_{i-1} & 0 & \Delta d_i \\ 0 & 0 & 0 & 0 \end{bmatrix} \tag{4-33}$$

则连杆微分矩阵 δT_i 的微分平移向量和微分旋转向量为

$$d_i = \begin{bmatrix} c\theta_i \Delta a_{i-1} - d_i s\theta_i \Delta \alpha_{i-1} \\ -s\theta_i \Delta a_{i-1} - d_i c\theta_i \Delta \alpha_{i-1} \\ \Delta d_i \end{bmatrix} = k_i^1 \Delta \alpha_{i-1} + k_i^2 \Delta a_{i-1} + k_i^3 \Delta d_i \tag{4-34}$$

$$\delta_i = \begin{bmatrix} c\theta_i \Delta \alpha_{i-1} \\ -s\theta_i \Delta \alpha_{i-1} \\ \Delta \theta_i \end{bmatrix} = k_i^2 \Delta \alpha_{i-1} + k_i^3 \Delta \theta_i \tag{4-35}$$

式中，

$$k_i^1 = \begin{bmatrix} -d_i s\theta_i & -d_i c\theta_i & 0 \end{bmatrix}^T \tag{4-36}$$

$$k_i^2 = \begin{bmatrix} c\theta_i & -s\theta_i & 0 \end{bmatrix}^T \tag{4-37}$$

$$k_i^3 = \begin{bmatrix} 0 & 0 & 1 \end{bmatrix}^T \tag{4-38}$$

4.3.2 串联运动链的运动学误差参数模型

由各个矩阵偏移误差的累积可以得到末端的位姿偏移误差，即

$$T + \Delta T = (T_1 + \Delta T_1)(T_2 + \Delta T_2)\cdots(T_I + \Delta T_I) \tag{4-39}$$

展开并忽略二阶及高阶项得

$$\Delta T \approx T\sum_{i=1}^{I}(T_{i+1}\cdots T_I)^{-1}\delta T_i(T_{i+1}\cdots T_I) = T\delta T \tag{4-40}$$

类似 $A^{-1}(\delta T_i)A$ 形式的相乘矩阵均可以化简为

$$A^{-1}(\delta T_i)A = \begin{bmatrix} 0 & -\boldsymbol{\delta}_i \cdot (n \times o) & \boldsymbol{\delta}_i \cdot (a \times n) & \boldsymbol{\delta}_i \cdot (p \times n) + d_i \cdot n \\ \boldsymbol{\delta}_i \cdot (n \times o) & 0 & -\boldsymbol{\delta}_i \cdot (o \times a) & \boldsymbol{\delta}_i \cdot (p \times o) + d_i \cdot o \\ -\boldsymbol{\delta}_i \cdot (a \times n) & \boldsymbol{\delta}_i \cdot (o \times a) & 0 & \boldsymbol{\delta}_i \cdot (p \times a) + d_i \cdot a \\ 0 & 0 & 0 & 0 \end{bmatrix}$$

(4-41)

式中，微分矩阵 δT_i 由微分向量 $\boldsymbol{\delta}_i$ 和 d_i 组成，矩阵 A 由式（4-42）表示，即

$$A = \begin{bmatrix} n & o & a & p \\ 0 & 0 & 0 & 1 \end{bmatrix}$$

(4-42)

用矩阵 G_{i+1} 表示式（4-40）中的连乘矩阵，即

$$T_{i+1} \cdots T_1 = G_{i+1} = \begin{bmatrix} Gn_{i+1} & Go_{i+1} & Ga_{i+1} & Gp_{i+1} \\ 0 & 0 & 0 & 1 \end{bmatrix}$$

(4-43)

利用式（4-41）可以计算得到机器人的微分矩阵 δT，即

$$\delta T = \sum_{i=1}^{I} G_{i+1}{}^{-1} \delta T_i G_{i+1} = \begin{bmatrix} 0 & -\delta z_I & \delta y_I & dx_I \\ \delta z_I & 0 & -\delta x_I & dy_I \\ -\delta y_I & \delta x_I & 0 & dz_I \\ 0 & 0 & 0 & 0 \end{bmatrix} = \begin{bmatrix} R(\boldsymbol{\delta}) & d \\ O & 0 \end{bmatrix}$$

(4-44)

将式（4-34）、式（4-35）和式（4-43）代入式（4-44）并化简得到

$$dx_I = \sum_{i=1}^{I} [\boldsymbol{\delta}_i \cdot (Gp_{i+1} \times Gn_{i+1}) + d_i \cdot Gn_{i+1}]$$

$$= \sum_{i=1}^{I} \left\{ \begin{array}{l} k_i^2 \cdot Gn_{i+1}\Delta a_{i-1} + [k_i^1 \cdot Gn_{i+1} + k_i^2 \cdot (Gp_{i+1} \times Gn_{i+1})]\Delta \alpha_{i-1} \\ + k_i^3 \cdot Gn_{i+1}\Delta d_i + k_i^3 \cdot (Gp_{i+1} \times Gn_{i+1})\Delta \theta_i \end{array} \right\}$$

(4-45)

$$dz_I = \sum_{i=1}^{I} [\boldsymbol{\delta}_i \cdot (Gp_{i+1} \times Ga_{i+1}) + d_i \cdot Ga_{i+1}]$$

$$= \sum_{i=1}^{I} \left\{ \begin{array}{l} k_i^2 \cdot Ga_{i+1}\Delta a_{i-1} + [k_i^1 \cdot Ga_{i+1} + k_i^2 \cdot (Gp_{i+1} \times Ga_{i+1})]\Delta \alpha_{i-1} \\ + k_i^3 \cdot Ga_{i+1}\Delta d_i + k_i^3 \cdot (Gp_{i+1} \times Ga_{i+1})\Delta \theta_i \end{array} \right\}$$

(4-46)

根据上式，可将机器人的位置微分向量表示为

$$d = J_1(q) \begin{bmatrix} \Delta a_0 \\ \Delta \alpha_0 \\ \Delta d_1 \\ \Delta \theta_1 \end{bmatrix} + J_2(q) \begin{bmatrix} \Delta a_1 \\ \Delta \alpha_1 \\ \Delta d_2 \\ \Delta \theta_2 \end{bmatrix} + \cdots + J_I(q) \begin{bmatrix} \Delta a_{I-1} \\ \Delta \alpha_{I-1} \\ \Delta d_I \\ \Delta \theta_I \end{bmatrix} \tag{4-47}$$

式中，q 为关节变量；$J_i(q)$ 为参数误差的雅可比误差矩阵。

结合式（4-40）和式（4-44），可以得到机器人末端位置误差与机器人运动学参数误差之间的线性关系为

$$\Delta P = Rd = J(q)\varepsilon \tag{4-48}$$

式中，

$$J(q) = R \begin{bmatrix} J_1(q) & \cdots & J_I(q) \end{bmatrix} \tag{4-49}$$

运动学参数的误差矩阵 ε 为

$$\varepsilon = \begin{bmatrix} \Delta a_0 & \Delta \alpha_0 & \Delta d_1 & \Delta \theta_1 & \cdots & \Delta a_{I-1} & \Delta \alpha_{I-1} & \Delta d_I & \Delta \theta_I \end{bmatrix}^T \tag{4-50}$$

令 P^r 和 P^n 分别表示机器人末端的实际位置和名义位置，则机器人的末端误差可通过式（4-51）计算，即

$$\Delta P = P^r - P^n \tag{4-51}$$

令 par 表示运动学参数的矩阵，即

$$par = \begin{bmatrix} a_0 & \alpha_0 & d_1 & \theta_1 & \cdots & a_{I-1} & \alpha_{I-1} & d_I & \theta_I \end{bmatrix}^T \tag{4-52}$$

令 fkine 表示正向运动学函数，其具体计算过程参见式（4-7），则在关节配置为 q 时，可计算得到机器人末端的名义位置，即

$$P^n = \text{fkine}(par, q) \tag{4-53}$$

4.4　基于 LSM-PSO 的位置误差模型辨识算法

4.4.1　基于手眼位姿参数分离的位置误差辨识模型

旋转矩阵由 9 个参数组成，为避免额外的正交化处理带来的不确定性，通过 3 个欧拉角（α，β，γ）表示旋转矩阵。手眼位姿关系可描述如下：测量坐标系（M）通过绕基坐标系（B）的 X_B 轴旋转角度 γ，再绕 Y_B 轴旋转角度 β，最后绕 Z_B 轴旋转角度 α 得到。则手眼旋转矩阵可描述为

$$
\begin{aligned}
{}^B_M\boldsymbol{R}(\gamma,\beta,\alpha) &= R(Z_B,\alpha)R(Y_B,\beta)R(X_B,\gamma) \\
&= \begin{bmatrix}
c\alpha c\beta & c\alpha s\beta s\gamma - s\alpha c\gamma & c\alpha s\beta c\gamma + s\alpha s\gamma \\
s\alpha c\beta & s\alpha s\beta s\gamma + c\alpha c\gamma & s\alpha s\beta c\gamma - c\alpha s\gamma \\
-s\beta & c\beta s\gamma & c\beta c\gamma
\end{bmatrix}
\end{aligned}
\tag{4-54}
$$

结合手眼位置矩阵 ${}^B_M\boldsymbol{P}$ 得到完整的手眼齐次变换矩阵，即

$$
{}^B_M\boldsymbol{T} = \begin{bmatrix}
{}^B_M\boldsymbol{R}(\gamma,\beta,\alpha) & {}^B_M\boldsymbol{P} \\
\boldsymbol{O} & 1
\end{bmatrix}
\tag{4-55}
$$

外部测量设备测得的位置同步到基坐标系下，得到机器人末端工具中心的实际位置，即

$$
{}^B\boldsymbol{P}^r_m = {}^B_M\boldsymbol{R}(\gamma,\beta,\alpha){}^M\boldsymbol{P}^r_m + {}^B_M\boldsymbol{P}
\tag{4-56}
$$

式中，右侧上标 r 表示实际位置；右侧下标 m 表示第 m 个测量姿态。

从式（4-56）可以看出，测量坐标系中的实际位置同步到基坐标系下的精度由旋转矩阵精度和位置矩阵精度共同决定。轴线法可以直接估计基坐标系，虽然存在测量和拟合误差，但是相对于共同辨识方法更接近真实值，结合连杆参数定义可以看出，轴线法在确定基坐标系的过程中也确定了连杆的 DH 参数。如图 4-4 所示，基坐标系的位置和坐标轴共同决定了连杆 1 的 a_0、α_0 和 d_1 参数，但是轴线法所确定的连杆参数带有误差。若将基坐标系的原点固定，重新优化基坐标系的坐标轴，则估计得到连杆 1 的 DH 参数 a'_0、α'_0 和 d'_1，基坐标系的原点和坐标轴分别对应手眼矩阵中的位置参数和姿态参数。因此，可将手眼矩阵中的姿态参数 α、β、γ 与机器人的连杆参数一同辨识。

运动学参数误差的存在使得机器人末端定点变姿态测量时产生位置偏差，图 4-5 描绘了测量过程中各坐标系之间的关系。将测量坐标系的原点设置在激光位移传感器的参考距离处，令 l_{OS} 表示球面到测量坐标系原点的距离，可通过传感器的读数获取，在测量坐标系中，初始姿态的球心位置可表示为

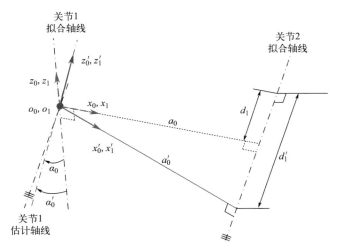

图 4-4　估计轴线与连杆参数

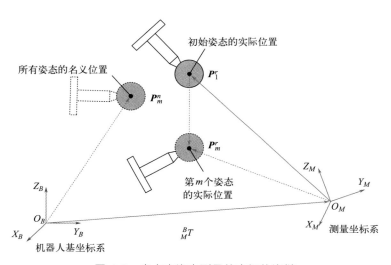

图 4-5　定点变姿态测量的空间位姿链

$$^{M}\boldsymbol{P}_{1}^{r}=\begin{bmatrix}0\\0\\l_{OS}+R\end{bmatrix} \tag{4-57}$$

令 $\Delta x_{M}(m)$、$\Delta y_{M}(m)$ 和 $\Delta z_{M}(m)$ 表示第 m 个球心相对初始球心的三维偏移量，第 m 个球心的位置在测量坐标系中可表示为

$$^{M}\boldsymbol{P}_{m}^{r}={}^{M}\boldsymbol{P}_{1}^{r}+\begin{bmatrix}\Delta x_{M}(m)\\\Delta y_{M}(m)\\\Delta z_{M}(m)\end{bmatrix} \tag{4-58}$$

结合式（4-56）和式（4-58），第 m 个球心在基坐标系中的实际位置为

$$
{}^{B}\boldsymbol{P}_{m}^{r} = {}_{M}^{B}\boldsymbol{R}(\gamma,\beta,\alpha)\left({}^{M}\boldsymbol{P}_{1}^{r} + \begin{bmatrix} \Delta x_{M}(m) \\ \Delta y_{M}(m) \\ \Delta z_{M}(m) \end{bmatrix}\right) + {}_{M}^{B}\boldsymbol{P} \tag{4-59}
$$

式中，${}^{B}\boldsymbol{P}_{m}^{r}$ 也可通过机器人的运动学正解模型，即式（4-7）计算得到。

$$
{}^{B}\boldsymbol{P}_{m}^{r} = \boldsymbol{P}\begin{pmatrix} a_{0}+\Delta a_{0}, \alpha_{0}+\Delta\alpha_{0}, d_{1}+\Delta d_{1}, \theta_{1}+\Delta\theta_{1}, \cdots, \\ a_{I-1}+\Delta a_{I-1}, \alpha_{I-1}+\Delta\alpha_{I-1}, d_{I}+\Delta d_{I}, \theta_{I}+\Delta\theta_{I} \end{pmatrix} \tag{4-60}
$$

结合式（4-51），包含运动学参数误差的辨识模型为

$$
{}^{B}\boldsymbol{P}_{m}^{r} - {}^{B}\boldsymbol{P}_{m}^{n} = {}_{M}^{B}\boldsymbol{R}(\gamma,\beta,\alpha)\left({}^{M}\boldsymbol{P}_{1}^{r} + \begin{bmatrix} \Delta x_{M}(m) \\ \Delta y_{M}(m) \\ \Delta z_{M}(m) \end{bmatrix}\right) + {}_{M}^{B}\boldsymbol{P} - {}^{B}\boldsymbol{P}_{m}^{n} \tag{4-61}
$$

即

$$
{}_{M}^{B}\boldsymbol{R}(\gamma,\beta,\alpha)\left({}^{M}\boldsymbol{P}_{1}^{r} + \begin{bmatrix} \Delta x_{M}(m) \\ \Delta y_{M}(m) \\ \Delta z_{M}(m) \end{bmatrix}\right) + {}_{M}^{B}\boldsymbol{P} - {}^{B}\boldsymbol{P}_{m}^{n} = \boldsymbol{J}_{m}(\boldsymbol{q})\boldsymbol{\varepsilon} \tag{4-62}
$$

将上述方程转化为优化问题，所优化的目标模型可表示为

$$
f_{m}(\alpha,\beta,\gamma,\varepsilon) = {}_{M}^{B}\boldsymbol{R}(\gamma,\beta,\alpha)\left({}^{M}\boldsymbol{P}_{1}^{r} + \begin{bmatrix} \Delta x_{M}(m) \\ \Delta y_{M}(m) \\ \Delta z_{M}(m) \end{bmatrix}\right) + {}_{M}^{B}\boldsymbol{P} - {}^{B}\boldsymbol{P}_{m}^{n} - \boldsymbol{J}_{m}(\boldsymbol{q})\boldsymbol{\varepsilon} \tag{4-63}
$$

那么，该优化问题需要找出最优的参数 α、β、γ 和参数误差矩阵 $\boldsymbol{\varepsilon}$，使得

$$
\min \sum_{m=1}^{N} \| f_{m}(\gamma,\beta,\alpha,\boldsymbol{\varepsilon}) \|^{2} \tag{4-64}
$$

4.4.2　基于 LSM-PSO 的分步辨识算法

优化模型同时包含参数 α、β、γ 和参数误差矩阵 $\boldsymbol{\varepsilon}$，其中手眼关系参数 α、β、γ 间接

确定连杆 1 的 DH 参数，但是这些参数不能直接在控制器中修改，因此不适合与其他可在控制器中修改的参数误差 $\boldsymbol{\varepsilon}$ 一同辨识。本小节采取将手眼参数和运动学参数分步辨识的策略，提出一种由粒子群算法和最小二乘法组成的混合迭代算法，其中，粒子群算法用于寻找最优的 α、β、γ 参数，最小二乘法用于求解 $\boldsymbol{\varepsilon}$ 误差矩阵。

辨识算法的流程图如图 4-6 所示。近似地给出粒子群算法输入的搜索范围 $[-Q，Q]$，粒子群算法在给定的范围内寻找 α、β、γ 参数的最优值。在第 j 次循环迭代中，令 α_t^j、β_t^j、γ_t^j 表示粒子群算法给定参数 α、β、γ 的一系列值，t 代表粒子的数量，则可得到关于参数误差矩阵 $\boldsymbol{\varepsilon}^j$ 的优化模型，即

$$f_m(\boldsymbol{\varepsilon}^j)=_{\mathrm{M}}^{\mathrm{B}}\boldsymbol{R}^j(\gamma_t^j,\beta_t^j,\alpha_t^j)\left(^{\mathrm{M}}\boldsymbol{P}_1^{\mathrm{r}}+\begin{bmatrix}\Delta x_{\mathrm{M}}(m)\\\Delta y_{\mathrm{M}}(m)\\\Delta z_{\mathrm{M}}(m)\end{bmatrix}\right)+_{\mathrm{M}}^{\mathrm{B}}\boldsymbol{P}-{}^{\mathrm{B}}\boldsymbol{P}_m^{\mathrm{n}}-\boldsymbol{J}_m^j(\boldsymbol{q})\boldsymbol{\varepsilon}^j \quad (4\text{-}65)$$

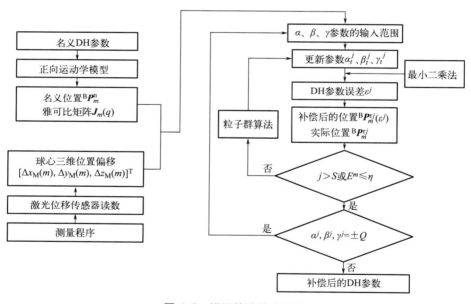

图 4-6　辨识算法的流程图

将上式简化为

$$\boldsymbol{J}_m^j(\boldsymbol{q})\boldsymbol{\varepsilon}^j=\boldsymbol{H}^j \quad (4\text{-}66)$$

对于优化问题，为了获得更高的辨识精度，测量组数一般大于运动学参数误差个数，因此，可形成如下超定方程组：

$$\widetilde{\boldsymbol{J}}_m^j(\boldsymbol{q})\boldsymbol{\varepsilon}^j=\widetilde{\boldsymbol{H}}^j \quad (4\text{-}67)$$

至此，可由最小二乘法辨识得到运动学参数误差矩阵 $\boldsymbol{\varepsilon}^j$，即

$$\boldsymbol{\varepsilon}^j = \left[\widetilde{\boldsymbol{J}}_m^j(\boldsymbol{q})^{\mathrm{T}}\widetilde{\boldsymbol{J}}_m^j(\boldsymbol{q})\right]^{-1}\widetilde{\boldsymbol{J}}_m^j(\boldsymbol{q})^{\mathrm{T}}\widetilde{\boldsymbol{H}}^j \tag{4-68}$$

将优化目标设置为补偿后采样点位置误差的均值，即

$$E^m = \frac{1}{N}\sum_{m=1}^{N}\parallel f_m(\boldsymbol{\varepsilon}^j)\parallel \tag{4-69}$$

在式（4-65）中，雅可比矩阵 $\boldsymbol{J}_m(\boldsymbol{q})$ 可通过名义运动学参数和关节位移计算得到，名义位置 $^B\boldsymbol{P}_m^n$ 可通过正向运动学模型计算得到或者从机器人的运动控制器中读取，基坐标系和测量坐标系的相对位置即手眼关系中的位置矩阵 $^B_M\boldsymbol{P}$ 已提前获取，球心的三维偏移 $\Delta x_M(m)$、$\Delta y_M(m)$、$\Delta z_M(m)$ 可通过式（4-70）求出。

$$\begin{bmatrix} l_{A_1C_1}(m)-l_{A_1B_1}(m) \\ l_{A_2C_2}(m)-l_{A_2B_2}(m) \\ l_{A_3C_3}(m)-l_{A_3B_3}(m) \end{bmatrix}$$
$$= \begin{bmatrix} \sqrt{R^2-\Delta x_M(m)^2-\Delta y_M(m)^2}-\Delta z_M(m)-R \\ \sqrt{R^2-[d-\Delta y_M(m)]^2-\Delta x_M(m)^2}-\Delta z_M(m)-\sqrt{R^2-d^2} \\ \sqrt{R^2-[d-\Delta x_M(m)]^2-\Delta y_M(m)^2}-\Delta z_M(m)-\sqrt{R^2-d^2} \end{bmatrix} \tag{4-70}$$

4.4.3　仿真结果分析

以华数 HSR-JR605 型工业机器人为对象进行对比仿真实验。在工业机器人的仿真软件中，随机选定工作空间中的一点，并执行定点变姿态测量程序，共采集 50 组关节角度数据用于运动学误差参数的标定。文献［14］所研究的工业机器人与本书的工业机器人具有类似的结构和尺寸，可选取其辨识得到的运动学参数误差用于本次仿真，并随机给定该文献中无参考值的参数误差值。机器人末端的三维偏移通过建立带参数误差的正向运动学模型得到。

粒子群算法的搜寻精度随着迭代次数和种群规模的增加而提高，当两者增加到一定程度后，精度趋于平稳，但算法耗时显著增加。因此，应在保证搜寻精度的前提下，尽量减少两者的数量。在本次仿真所设置的粒子群优化算法参数中，用于训练的最大迭代次数为 50 次，粒子种群规模为 1000，参数 α、β、γ 的搜索范围均为 ［-0.5°，0.5°］。经过 50 次迭代，均值收敛到一个稳定值。辨识得到的运动学参数误差如表 4-2 所示。补偿前后的位置误差统计学结果如表 4-3 所示，可知，手眼参数分离方法使位置误差均值降低了 91.78%。

表 4-2 运动学参数误差辨识结果

运动学参数	给定误差	辨识误差
α /(°)	9.800	5.846
β /(°)	-5.300	-0.567
γ /(°)	11.500	12.807
θ_1 /(°)	-0.338	-0.535
θ_2 /(°)	-0.447	-0.430
θ_3 /(°)	0.167	0.123
θ_4 /(°)	0.464	0.357
θ_5 /(°)	-0.086	-0.952
θ_6 /(°)	0.745	0
d_4 /mm	0.220	-0.166
d_6 /mm	0.170	0.444
a_3 /mm	1.090	1.411
a_4 /mm	-0.480	-0.480

表 4-3 标定点补偿前后位置误差的统计结果

项目	补偿前	补偿后
最大值/mm	9.610	0.906
平均值/mm	5.520	0.454
标准差/mm	1.867	0.212

　　本章对考虑手眼参数的运动学参数辨识方法不精确问题进行了研究，提出了一种基于手眼位姿参数分离模型的辨识方法。该方法首先采用三个参数表示旋转矩阵，避免了增加正交化处理误差，在分离手眼关系中位置参数和姿态参数的基础上，利用最小二乘和粒子群算法实现了混合分步辨识，求解得到了最优运动学参数误差下的手眼姿态参数，从而对固定手眼位置参数的误差进行校正，保证了辨识结果的全局最优性。

第5章

基于约束蝙蝠算法的机器人
控制参数离线优化

5.1 概述

控制参数离线优化的主要任务是在机器人正式作业之前，通过优化调整系统的控制参数，以满足作业所需的性能指标与约束。在此过程中，首先需要明确优化的目标和约束条件，例如最大化作业效率、提高定位精度、降低能耗等。将问题形式化为数学模型。以此，联合待优化的控制参数进行问题建模，将控制参数离线优化形式化为多目标多约束优化问题。最后，使用选择的智能优化算法，如粒子群优化算法、差分进化算法、蝙蝠算法等，求解满足优化目标和约束条件的控制参数组合。

在基于智能计算的机器人控制参数离线优化方案中，智能优化算法生成的候选解需要应用至被优化的机器人系统，以评估其性能优劣。然而，智能优化算法在搜索过程中，不可避免地会生成一些不符合系统约束条件的劣质解。这些劣质解会损害被优化的机器人系统。一般情况下，如果机器人系统仿真模型已知，可以利用其作为候选解评估的代理系统。但当存在不容忽视的建模误差和未建模动态时，仿真模型不可避免与实际系统出现显著偏差。基于仿真模型求解的最优控制参数将难以在实际系统中产生预定的性能。为此，下面将介绍一种数据驱动约束蝙蝠算法，利用来自真实场景的数据进行搜索，从而避免对系统模型的依赖。

5.2 机器人控制参数离线优化方案

随着时间的推移，工程应用的要求变得越来越高，因为它们需要动态系统来满足各类预定的性能约束指标，甚至还期望同时满足不同的和相互冲突的需求。针对此类问题，基于智能计算的控制参数离线优化方案如图 5-1 所示，包括（至少）以下四个主要步骤。

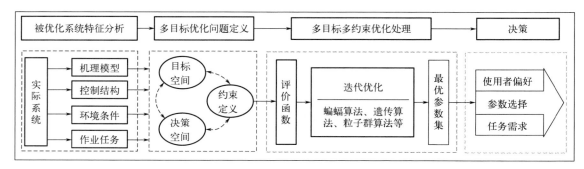

图 5-1 基于智能计算的多约束控制器增益优化方案

步骤 1：被优化系统特征分析。

该步骤是指对被优化系统特征的分析，例如输入和输出的数量、行为类型（线性或非线性）以及所执行任务的适当性质，以判断是否可获得用于仿真的模型。该模型需要能够被用于对给定控制器增益进行测试以评估其性能。为此，被优化系统的控制结构、机理模型、作业任务及环境条件都必须明确已知。同时，其他未建模行为的影响也应可以忽略不计。或者，被优化系统的行为在受关注的操作区域内可被仿真模型模拟。当符合上述条件时，候选控制参数集的测试可不直接面向实际被优化系统，而是使用仿真模型。这可以防止在实际工厂中由于使用低质量或初步控制器参数配置的测试而损坏或磨损。当无法获得可行的仿真模型时，多约束控制器增益优化问题的求解则需依赖数据驱动的优化算法。

步骤 2：多目标优化问题定义。

控制器调整的目的在于找到一组可靠的权衡不同性能的控制器参数配置。由此，控制器增益整定可被制订为多目标多约束优化问题。它包括两个关键因素，即设计决策变量，以及选择目标函数和约束。

决策变量为可调控制器参数。无论选择何种控制器结构，它都有一组直接影响控制器操作和设备响应的参数。设计人员根据实际需求确定这些参数中的哪些用于调谐，哪些保持固定在预定值。

目标函数和约束函数分别为闭环系统的性能要求和限制条件。低成本、快速响应、具有鲁棒性、低灵敏度、高精度和高效能源使用是闭环控制系统的常见性能要求。技术、经济、操作或环境等方面的限制也会对闭环控制系统产生各类约束，例如硬件平台允许的最大电流和最大电压、系统响应阶段的最大超调或者设定点跟踪期间的最大误差等等。这些要求可能相互冲突，在很大程度上取决于控制器增益的设置。设计者从中选择或者设计当前应用所需的性能指标来定义目标函数，将这些限制考虑为不等式约束 $g_\alpha(K) \leqslant 0$、等式约束 $\phi_\beta(K) = 0$ 和边界约束 $K_{\min} \leqslant K \leqslant K_{\max}$。其中，边界约束是决策变量所允许的选值范围，它们界定了初始的搜索空间。

步骤 3：多目标多约束优化处理。

考虑到难以获得多约束控制增益优化问题的解析解，处理过程需要迭代生成候选解进行测试，根据候选解性能与约束需求的契合度来搜索最为逼近真实解的估值。基于多目标元启发式方法搜索合适候选集的实现原理如图 5-2 所示，工作流程如下：

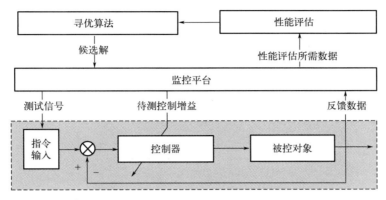

图 5-2　基于多目标元启发式方法搜索合适候选集的实现原理

① 基于蝙蝠算法、遗传算法、粒子群算法等随机优化算法生成候选解集。
② 将候选解应用于仿真模型或实际系统中执行测试，获得性能评估所需数据。
③ 计算每个候选解的适应度。
④ 根据适应度，获取当前最优可行解集，确定参与下一代进化的候选解。
⑤ 若满足终止条件，则停止搜索，输出当前最优可行解集；否则，跳转至①继续探索。
步骤 4：决策。

在找到可行解集后，决策者根据应用程序的实际需求，选择一组具有最佳匹配度的控制增益植入真实控制器中实现。

5.3　ε 约束处理机制

ε 约束处理方法将多约束优化问题转换为无约束的数值优化问题，它有两个主要判定准则：a. 若约束违反总和在预先指定的阈值 ε 内，成对比较中的两个解决方案使用它们的目标函数值进行比较；b. 若约束违反总和超过了阈值 ε，约束违反总和的最小化先于给定问题目标函数的最小化。在该方法中，根据式（5-1）进行解 $(x_a，x_b)$ 的两两比较，即

$$
x_a \gtrsim x_b \Leftrightarrow
\begin{cases}
J(x_a) < J(x_b) & \phi(x_a),\phi(x_b) \leqslant \varepsilon \\
J(x_a) < J(x_b) & \phi(x_a) = \phi(x_b) \\
\phi(x_a) < \phi(x_b) & \text{其他}
\end{cases}
\tag{5-1}
$$

式中，$x_a \gtrsim x_b$ 表示 x_a 优于 x_b；$\phi(\cdot)$ 表示总体约束违反；$J(\cdot)$ 表示目标函数。

可以看出，预定阈值 ε 的引入可以减轻对可行域的超压，从而降低陷入局部最优的概率。为了更好地平衡可行区域和不可行区域之间的搜索，提出随时间变化的 ε：

$$\varepsilon^t = \begin{cases} \phi_\rho, & t=0 \\ \varepsilon^{t-1}(1-F_{Es}/\overline{F_{Es}})^2, & \delta^t < \overline{\delta} \text{ 且 } F_{Es} < \overline{F_{Es}} \\ (1+\lambda)\phi_{max}, & \delta^t \geqslant \overline{\delta} \text{ 且 } F_{Es} < \overline{F_{Es}} \\ 0, & F_{Es} \geqslant \overline{F_{Es}} \end{cases} \quad (5\text{-}2)$$

式中，ε^t 是 t 代中 ε 的值；对初始种群中所有解的约束总体违反量进行降阶排序，ϕ_ρ 是排在顶部第 ρ 个的约束总体违反量；ϕ_{max} 是最大的约束总体违反量；F_{Es} 表示评估次数；δ^t 是第 t 代中可行解的比例；$\overline{\delta}$ 和 $\overline{F_{Es}}$ 分别是 δ 和 F_{Es} 的阈值，用来控制 ε 的变化；λ 由用户定义，推荐值为 0.1。

5.4 数据驱动约束蝙蝠算法研究

本节首先介绍数据驱动约束蝙蝠算法（data-driven constrained bat algorithm，DCBA）的框架。此外，详细阐述用于约束处理的基于梯度的深度优先搜索（gradient-based depth-first search，GDFS）策略、改进的边界约束处理方法以及蝙蝠算法的改进局部搜索策略等关键模块。最后理论验证所提算法的收敛性。

5.4.1 数据驱动约束蝙蝠算法的框架

在数据驱动约束蝙蝠算法中，约束优化问题中的约束被分为两类：严格约束和弱约束。

定义 5-1 [严格约束] 严格约束由与给定系统安全性相关的要求和应用场景中的特殊性能指标组成。工业机器人的驱动系统对超调量有严格的要求，因为过大的冲击不仅会损坏精密零件，还会引起系统故障。满足严格约束的可行参数空间定义为

$$\Psi_s = \{x \in \mathbf{R}^n \mid s_j(x) \leqslant 0, \overline{s}_k(x) = 0, j \in \{1,2,\cdots,\theta_s\}, k \in \{1,2,\cdots,\overline{\theta}_s\}\} \quad (5\text{-}3)$$

式中，$s_j(x)$ 和 $\overline{s}_k(x)$ 分别表示不等式和等式严格约束。

定义 5-2 [弱约束] 其余的常规约束定义为弱约束，它们通常是用户定义的性能要求，不会影响系统的安全性和稳定性。满足弱约束的可行参数空间定义为

$$\Psi_w = \{x \in \mathbf{R}^n \mid w_j(x) \leqslant 0, \overline{w}_k(x) = 0, j \in \{1,2,\cdots,\theta_w\}, k \in \{1,2,\cdots,\overline{\theta}_w\}\}$$
$$(5\text{-}4)$$

式中，$w_j(x)$ 和 $\overline{w}_k(x)$ 分别表示不平等和等式弱约束。

定义 5-3 [搜索空间] 在初始参数空间 L_{limit} 中，将满足严格约束的区域定义为搜索空间 Ω，即 $\Omega = L_{limit} \bigcap \Psi_s$。

值得说明的是，式（5-3）和式（5-4）满足

$$\begin{cases} z_c = \theta_s + \theta_w \\ z_h = \overline{\theta}_s + \overline{\theta}_w \end{cases} \qquad (5\text{-}5)$$

式中，z_c 和 z_h 分别代表约束优化问题中不等式约束和等式弱约束的个数。

算法 5-1 给出了 DCBA 的基本结构。首先，提出 GDFS 策略来确定搜索空间，其详细设计过程在 5.4.2 小节的第一部分中给出。在保证与实际系统交互的安全性后，种群中的每个候选解都由实际系统进行评估。其次，引入改进的 ε 约束处理方法来解决弱约束，从而将种群引导到最优区域。整体约束违反定义为

$$\phi(x) = \sum_{k=1}^{\overline{\theta}_w} \max(|\overline{w}_k(x)| - \sigma, 0) + \sum_{j=1}^{\theta_w} \max\{0, w_j(x)\} \qquad (5\text{-}6)$$

最后利用蝙蝠算法的搜索机制在搜索空间中寻找全局最优解。其中，利用速度限制来避免"群爆炸"现象，并引入差分进化算法的二元交叉算子来增加种群多样性。此外，引入一种边界约束处理方法，有助于 DCBA 严格确保优化系统的安全性。为了更好地平衡全局探索和局部开发，给出的新颖局部搜索策略被集成到蝙蝠算法框架中，该框架包含基于线性变化的精英层的局部搜索和基于社会学习的步行机制。

算法 5-1：DCBA 的基本结构	
输入：种群大小 N，初始参数空间 L_{limit}	
输出：最优解 x_*	
1　初始化	16　　　　$\dot{x}_i^{t+1} \leftarrow$ 基于式(5-15)对 $\mathfrak{I}_i^{t+1}$ 执行随机游走
2　　　$\Omega \leftarrow$ 基于 GDFS 策略处理严格约束	
3　　　随机初始化种群内每个蝙蝠的脉冲频率、速度、位置	17　　　If 结束
	18　　　$\widetilde{\mathfrak{I}}_i^{t+1} \leftarrow$ 对 $\dot{x}_i^{t+1}$ 进行二进制交叉操作
4　　　初始化结束	19　　　$V_i^{t+1}, x_i^{t+1} \leftarrow$ 对 $\widetilde{V}_i^{t+1}$ 和 $\widetilde{\mathfrak{I}}_i^{t+1}$ 进行边界约束处理
5　　　评估种群内每个蝙蝠 x_i 的适应度	
6　　　$\varepsilon \leftarrow$ 根据式(5-1)和式(5-2)设定 ε	20　　　$J(x_i^{t+1}), \phi(x_i^{t+1}) \leftarrow$ 评估 x_i^{t+1} 的适应度
7　　　$x_* \leftarrow$ 对蝙蝠进行排序及确定当前最优解；	21　　　If $x_i^{t+1} \overset{\sim}{<} x_*$，则
8　while 终止条件未满足时	//基于 ε 约束处理策略进行判断
9　　　for 每一个蝙蝠 x_i^t 执行	22　　　$x_* \leftarrow x_* = x_i^{t+1}$
10　　　　$\mu_i \leftarrow$ 根据式(2-14)更新蝙蝠的频率	23　　　$r_i^{t+1} \leftarrow$ 通过式(2-18)更新脉冲速率
11　　　　$\widetilde{V}_i^{t+1} \leftarrow$ 根据式(2-15)更新蝙蝠速度及进行速度限幅	24　　　If 判断结束
	25　　For 循环结束
12　　　　$\mathfrak{I}_i^{t+1} \leftarrow$ 根据式(2-16)更新蝙蝠位置	26　　　$\varepsilon \leftarrow$ 通过式(5-2)和式(5-6)更新 ε
13　　　　If rand() $> r_i^t$	27　　　$x_* \leftarrow$ 对蝙蝠进行排序从而确定当前最优解
14　　　　　$\dot{x}_i^{t+1} \leftarrow$ 基于式(5-13)和式(5-14)对 x_* 进行局部搜索	28　　While 循环结束
	29　　返回 x_*
15　　　　Else	

5.4.2 数据驱动约束蝙蝠算法的关键模块设计

（1）约束处理的 GDFS 策略

首先，引入以下合理假设来设计 GDFS 策略。

假设 5-1 在实际控制系统的参数空间中，如果两个参数 (x_1, x_2) 是相邻变量，即 $x_1 = x_2 + \Delta x$，则两个变量性能指标之间的差异是有界，即 $f(x_1) - f(x_2) \leqslant \zeta$，其中，$\zeta$ 表示任意小的数（$\lim\limits_{\Delta x \to 0} \zeta = 0$），$\Delta x$ 表示步长，$f(\cdot)$ 表示任意目标或约束函数。

这是控制领域的一个典型且合理的假设，即被优化系统是 Lipschitz 连续的。事实上，对于非 Lipschitz 连续系统，控制参数的微小变化都可能导致系统过度振动，进而损坏设备。因此，大多数控制系统通常在优化控制参数之前通过适当的策略设计为鲁棒连续的。

基于上述合理假设，提出基于梯度的性能预测函数来预先评估候选解是否满足严格约束。只有满足要求的潜在可行方案才允许在实际系统上执行，以获得准确的性能指标。这可以避免一些可能损坏实验系统的潜在不可行参数。

基于假设 5-1，变量 $(x + \Delta x)$ 的性能可以通过其相邻变量 $(x, x - \Delta x)$ 的性能来预测，即

$$f_{mp}(x + \Delta x) = 2f_r(x) - f_r(x - \Delta x) \tag{5-7}$$

式中，$f_{mp}(\cdot)$ 和 $f_r(\cdot)$ 分别表示严格约束函数的预测值和实际值。

在实际预测过程中，存在不可避免的预测误差。使用当前点的预测偏差来修正下一个预测。这样，基于梯度的性能预测函数定义为

$$f_p(x + \Delta x) = 2f_r(x) - f_r(x - \Delta x) + e \tag{5-8}$$

式中，$e = f_r(x) - f_p(x)$ 是预测偏差；$f_p(\cdot)$ 表示严格约束函数的修正预测值。对于式 (5-8)，较小的 Δx 将提高预测精度，但也会增加计算时间。

借助性能预测函数，GDFS 策略可以确定满足严格约束的参数空间，其伪代码见算法 5-2。在伪代码中，使用 NoteState (x) 记录每个顶点 x 在初始空间中的状态，其值 0、1、2 分别代表未访问、可行和潜在危险三种状态，初始值为 0。R_{node} 记录有未访问邻居的顶点。函数 SlectNextNode(x) 的作用是确定下一个要访问的顶点。ExploreNode (x) 是 GDFS 策略的主要过程。详细的设计过程如下。

步骤 1：将参数空间描述为图。首先，将初始参数空间 L_{limit} 按预设步长 Δx 划分为不同的超立方体。那么，超立方体的顶点就是图的顶点，其数量为 ι_{max}。

步骤 2：确定起点 x_0 及其相邻顶点。选择一个可行参数作为原点，其邻居作为第一层顶点。在控制应用中，通过先验的专家知识或简单的测试，可以很容易地获得少量低质量的可行参数。

步骤 3：执行过程 ExploreNode（x）。将基于梯度性能预测函数式（5-8）的动态端点机制引入传统 DFS 策略中。具体而言，根据式（5-8）评估当前顶点 x 是否满足所有严格约束。如果满足（即 $\Lambda_{\text{feasible}} > 0$），则将当前顶点 x 标记为可行，并在实际控制系统中执行以获得准确的性能指标，用于评估下一个顶点。否则，它被标记为潜在危险，并且暂停更深的访问以返回到具有未访问邻居的先前可行的顶点。递归调用过程 ExploreNode（x），直到满足以下条件之一：a. 访问返回到初始顶点，初始顶点的邻居都被访问；b. 访问空间中的所有顶点。

通过对 GDFS 策略的探索，将初始参数空间中的顶点分为三类：未访问的、可行的和潜在危险的。潜在危险顶点拟合的轨迹为初始参数空间中的可行区域边界，边界内的空间为所需搜索空间 Ω。

算法 5-2：GDFS 策略			
	输入：预设的步长尺寸 Δx		
	输出：每个节点的状态 NoteState（x）和全部的可行参数		
1	初始化	20	if 结束
2	基于 Δx 以图的形式描述初始参数空间 L_{limit}	21	返回 x，Λ_{end} //即下一个要被探索的结点及终止符
3	设定原点 x_0 和其相邻结点，总共的结点数量设为 $\iota_{\max}$	22	函数结束
4	设定 $\Lambda_{\text{end}} = 0$，$\iota = 1$	23	程序 ExploreNode（x）
5	初始化结束	24	if $\iota \leqslant \iota_{\max}$ 和 $\Lambda_{\text{end}} == 0$ 则
6	函数 SlectNextNode（x）	25	x，Λ_{end} ← 基于函数 SlectNextNode（x）确定下一个被探索结点及终止符状态
7	ξ_x ← 计算 x 的未被探索邻点 x_J 的数量	26	$\Lambda_{\text{feasible}}$ ← 基于性能预测函数评估被选择结点是否满足严格约束
8	if（$x == x_0$）和（$\xi_x == 0$）则	27	if $\Lambda_{\text{feasible}} > 0$ 则 //当预测结果为 x 时，满足所有的严格约束
9	Λ_{end} ← $\Lambda_{\text{end}} = 1$ //搜索完成	28	NoteState（x）= 1　// x 可行
10	else	29	在实际系统中评估 x 的性能
11	if（NoteState（x）== 2）或者（$\xi_x == 0$）则	30	else
12	x ← 在 R_{node} 内选择一个结点	31	NoteState（x）= 2 // x 具有潜在危险性
13	SlectNextNode（x）//递归调用	32	if 结束
14	else	33	$\iota = \iota + 1$
15	if $\xi_x > 1$ 则	34	ExploreNode（x）　//递归调用
16	R_{node} ← 将 x 存储在 R_{node} 内	35	if 结束
17	if 结束	36	//递归调用 ExploreNode（x）直至 $\Lambda_{\text{end}} > 1$ 或者 $\iota > \iota_{\max}$
18	x ← 选择任意一个未被探索邻点 x_U	37	程序结束
19	if 结束		

（2）边界约束处理

针对部分蝙蝠飞出搜索空间 Ω 的问题，设计了一种基于变异方向保持机制的边界约束处理方法。其伪代码如算法 5-3 所示。GDFS 策略确定的搜索空间边界被视为不允许蝙蝠穿越的障碍物。试图越过障碍物的蝙蝠将通过提出的边界约束处理方法修复为可行的解决方案。具体来说，首先选择当前种群的分布均值作为备选解 u。应注意，如果这些分布均值不可行，则可以选择当前种群中的随机可行解作为替代 u。然后，替代解决方案基于其与边界的距离和越界蝙蝠 $\widetilde{x}_i^{t+1}$ 的约束违反之间的最小值执行变异操作。最后，变异的可行替代解决方案替换当前越界蝙蝠 $\widetilde{x}_i^{t+1}$ 以执行后续搜索任务。这个过程可以表述为

$$d = \text{sign}(\widetilde{x}_i^{t+1} - u)\min(|\widetilde{x}_i^{t+1} - x_u^{\nabla}|, |x_u^{\nabla} - u|) \tag{5-9}$$

$$x_i^{t+1} = u + \text{rand}(0,1)d \tag{5-10}$$

式中，$\text{sign}(\cdot)$ 是符号函数；x_u^{∇} 是从 u 到 $\widetilde{x}_i^{t+1}$ 方向的边界位置。

算法 5-3：边界约束处理机制			
	输入：当前蝙蝠的速度 $\widetilde{V}_i^{t+1}$ 和位置 $\widetilde{x}_i^{t+1}$		
	输出：新的位置 x_i^{t+1} 和新的速度 V_i^{t+1}		
1	if $\widetilde{x}_i^{t+1} \in \Omega$ 则	10	for $\forall x_j^{\nabla} \in \Gamma$ 执行
2	$x_i^{t+1} \leftarrow x_i^{t+1} = \widetilde{x}_i^{t+1}$	11	$x_i \leftarrow$ 从当前种群中随机选择一解
3	$V_i^{t+1} \leftarrow V_i^{t+1} = \widetilde{V}_i^{t+1}$	12	if $x_j^{\nabla} \gtrsim x_i$ 则
4	else		//基于 ϵ 约束处理策略进行判断
5	$u \leftarrow$ 计算当前种群的分布均值	13	$x_i \leftarrow x_i = x_j^{\nabla}$
	$x_i^{t+1}, V_i^{t+1} \leftarrow$ 基于式（5-9）~式（5-11）	14	$\Gamma \leftarrow$ 将 x_j^{∇} 从 Γ 中移除
6	更新当前蝙蝠的速度和位置；	15	if 结束
7	$x_j^{\nabla} \leftarrow$ 选择最靠近 $\widetilde{x}_i^{t+1}$ 的边界点 x_j^{∇}；	16	for 结束
8	$\Gamma \leftarrow \Gamma \cup \{x_j^{\nabla}\}$	17	返回 x_i^{t+1}, V_i^{t+1}
9	end if		

另外，为了避免下一代飞出边界，修复后的蝙蝠应该降低其飞行速度，即

$$V_i^{t+1} = \beta\widetilde{V}_i^{t+1} \quad (\forall \widetilde{x}_i^{t+1} \notin \Omega) \tag{5-11}$$

式中，$\widetilde{V}_i^{t+1}$ 是计算出的速度；$\beta \in (-1,1)$ 是速度衰减系数。

基于式（5-9）、式（5-10）和式（5-11），DCBA 不仅能解决重新安置的蝙蝠再次越界的问题，而且还能保留越界蝙蝠有价值的突变信息。因此，与现有的边界约束处理方法相比，它可以在不降低收敛速度的情况下保持种群的多样性。

此外，为了纠正现有可行性保留方法忽略边界信息的缺点，所提出的变异方向保留机制引入了禁忌集，即

$$\Gamma = \{x_j^{\nabla}, j = 1, 2, 3, \cdots, l\} \tag{5-12}$$

式中，x_j^{∇} 是最接近越界 $\widetilde{x}_i^{t+1}$ 的边界位置；l 是禁忌集的长度。

在迭代优化过程中，禁忌表中的元素如果适应度优于种群中的解，就会被释放并加入种群中。具体步骤如算法 5-3 的第 10 行至第 16 行所示。因此，设计的边界处理方案可以避免全局最优值接近边界时收敛速度变慢的问题。

（3）改进的局部搜索策略

在原始蝙蝠算法中，响度 A 控制实现开发或勘探的本地搜索策略的步长。但是，这两种搜索能力很难同时得到保证，因为缺乏有效的响度 A 设计策略。为了方便使用，最常见的策略是对响度进行归一化。这种方法可以提高搜索精度，但如果随机游走步长过短，通常会使搜索陷入局部最优。为了解决早熟收敛的问题，DCBA 通过设计一个线性变化的精英层来改进局部搜索策略。新的解生成公式为

$$\hat{x}_i^{t+1} = x_* + \mathrm{rand}(0,1) \cdot (x_{p\,\mathrm{best}\_1} - x_{p\,\mathrm{best}\_2}) \tag{5-13}$$

式中，x_* 是当前最优解；$x_{p\,\mathrm{best}\_1}$ 和 $x_{p\,\mathrm{best}\_2}$ 是从精英层中随机选择的两个不同的解，$x_{p\,\mathrm{best}\_1}$ 是这两个随机精英的最佳解。

通过改进的 ε 约束处理方法对当前种群中的所有粒子进行排序后，由前 p 个精英粒子形成精英层。这里，较大的 p 可以使精英层中的个体具有显著程度的差异，有利于改善种群分布，避免早熟收敛。较小的 p 可以使局部搜索式(5-13) 有效地利用当前种群的优势解信息来提高收敛精度。为了平衡全局探索和局部开发，精英层大小 p 随着代数的增加而动态减小，即

$$p = \mathrm{round}\left[p_{\max} - \frac{F_{\mathrm{Es}}}{\max F_{\mathrm{Es}}}(p_{\max} - p_{\min})\right] \tag{5-14}$$

式中，$p_{\max}$ 是初始精英层大小；$p_{\min}$ 是最小精英层大小；F_{Es} 是当前评估次数；$\max F_{\mathrm{Es}}$ 是预设的最大评估次数。

在优化的早期阶段，一个大的精英层帮助种群找到全局最优解，防止陷入局部最优。随着搜索逐渐收敛，精英层的范围逐渐缩小。搜索策略式(5-13) 的作用逐渐从全局探索转变为局部开发。最后，基于小精英层的局部搜索策略也可以提高搜索精度。因此，DCBA 在保持相当的收敛速度和收敛精度的同时，可以有效防止过早收敛。

如速度更新方程所述，原始蝙蝠算法通过跟踪当前种群的最优值来调整其位置以寻找新的解。仅依赖最优当前种群的学习机制可能并不总是很有效，因为很容易导致解陷入局部最小值。为了解决这个问题，提出一种基于社会学习的步行机制如下：

$$\hat{x}_i^{t+1} = \mathfrak{I}_i^{t+1} + \lambda \cdot r\mathrm{and}(0,1)(x'_{r1} - x''_{r2}) \qquad (5\text{-}15)$$

式中，$\mathfrak{I}_i^{t+1}$ 是位置更新方程得到的解；$\lambda \in [0, 1]$ 是社会学习因子；x'_{r1} 和 x''_{r2} 是来自当前种群的两个不同的随机解，x'_{r1} 优于 x''_{r2}。

基于随机个体的信息扩展了通过当前最优位置信息生成的解的搜索，从而使全局搜索趋向于更有希望的区域。该算法不仅利用当前种群中最优个体的信息加速收敛，而且能降低陷入局部最优的风险。

5.4.3 收敛性验证

作为蝙蝠算法的改进，提出的 DCBA 本质上属于随机优化算法的范畴。对于这类算法，可以采用随机算法的收敛标准和马尔可夫理论来分析全局收敛性。鉴于这种情况，所提出算法的全局收敛性提供如下。

（1）预备知识

对于随机优化算法 $\psi(\bullet)$，可以根据解 x^{t-1} 和前 $t-1$ 代找到的解集 $\mathcal{U}_x$ 得到新的解 x^t，可以表示为 $x^t = \psi(x^{t-1}, \mathcal{U}_x)$。并且，所考虑的优化问题表示为 $\langle J_{\Sigma}, \Omega \rangle$。其中，$\Omega$ 是搜索空间；J_{Σ} 是适应度评估函数，其中较小的值表示更好的适应度。

引理 5-1 随机优化算法 $\psi(\bullet)$ 的全局收敛需要满足两个条件：

条件 1：在迭代搜索过程中，算法 $\psi(\bullet)$ 应满足对于 $\forall \mathcal{U}_x \in \Omega$ 都有 $J_{\Sigma}(\psi(x^{t-1}, \mathcal{U}_x)) \leqslant J_{\Sigma}(\mathcal{U}_x)$。

条件 2：对于所有具有 $\nu[\Upsilon] > 0$ 的子集（$\forall \Upsilon \in \Omega$），存在

$$\prod_{t=0}^{+\infty} [1 - u_t(\Upsilon)] = 0 \qquad (5\text{-}16)$$

式中，$u_t(\Upsilon)$ 是算法 $\psi(\bullet)$ 第 t 代结果在集合 Υ 上的概率测度；$\nu[\Upsilon]$ 表示在集合 Υ 上的勒贝格（Lebesgue）测度。

条件 1 保证随机优化算法的适应度值 $J_{\Sigma}(x)$ 是非增的。条件 2 表示当迭代次数足够大时，算法 $\psi(\bullet)$ 得到的解将属于集合 Υ。

为了便于 DCBA 的收敛证明，给出以下定义。

定义 5-4（DCBA 的状态） 在 DCBA 中，蝙蝠的状态可以表示为 $X = (x, V, \vartheta)$。式中，x、V 和 ϑ 分别表示位置、速度和历史最佳位置。同时，蝙蝠种群的状态由 $g = (X_1, X_2, \cdots, X_N)$ 给出。式中，N 是种群规模。

定义 5-5（DCBA 的状态空间） DCBA 中个体的状态空间是 $Y = \{X \mid X = (x, V, \vartheta), x \in \Omega\}$，它由所有可能的蝙蝠个体状态组成。种群的状态空间为 $G = \{g_1, g_2, g_3, \cdots, g_i, \cdots\}$，其中包含所有蝙蝠种群状态。

定义 5-6 对于优化问题 $\langle J_{\Sigma}, \Omega \rangle$，假设其最优适应度为 J_{best}。最优个体状态集由

$Y_{\text{best}}=\{X=(x,\ V,\ \vartheta)\mid J_{\Sigma}(\vartheta)=J_{\text{best}},\ X\in Y\}$ 给出，它包括所有最优解的状态。最优种群状态集定义为

$$G_{\text{best}}=\{g_m^*=(X_{m,1},\cdots,X_{m,i},\cdots,X_{m,N})\mid \exists\, i\in[1,N],X_{m,i}\in Y_{\text{best}},$$
$$m=1,2,3,\cdots\} \tag{5-17}$$

定义 5-7　在 DCBA 中，个体状态一步从 X_a 到 X_b 的转移概率可以定义为

$$P_X(X_a\Rightarrow X_b)=P_x(x_a\rightarrow x_b)P_V(V_a\rightarrow V_b)P_*(\vartheta_a\rightarrow\vartheta_b) \tag{5-18}$$

式中，$P_\chi(\chi_a\rightarrow\chi_b)$（$\chi=x$，$V$ 或 ϑ）表示 χ 从 χ_a 到 χ_b 的转移概率。

定义 5-8　种群状态从 g_a 到 g_b 的转移概率可以定义为

$$P_g(g_a\Rightarrow g_b)=\prod_{i=1}^{N}P_X(X_{a,i}\Rightarrow X_{b,i}) \tag{5-19}$$

即 g_a 中所有蝙蝠的状态同时转移到 g_b 中所有蝙蝠状态的联合概率。

引理 5-2　如果马尔可夫链有一个非空集 B_α，并且没有其他非空闭集 B_β 满足 $B_\alpha\bigcap B_\beta=\varnothing$，则

$$\lim_{t\rightarrow\infty}P(X_t=y)=\begin{cases}\pi_y, & y\in B_\alpha\\ 0, & y\notin B_\alpha\end{cases} \tag{5-20}$$

式中，π_y 为该马尔可夫链的平稳分布且 $\|\pi_y\|=1$。

（2）DCBA 的收敛性证明

定理 5-1　DCBA 在迭代搜索过程中，对于 $\forall\, \mho_x\in\Omega$ 都有 $J_{\Sigma}(\psi(x^{t-1},\ \mho_x))\leqslant J_{\Sigma}(\mho_x)$。

证明：每个蝙蝠个体第 t 代后，当其适应度值优于当前种群的最优个体时，该个体被选为当前种群的最优解。然后，在最有利的点附近进行局部探索以生成新的局部解决方案。以上两种解与上一代确定的最优解进行比较，其中适应度最好的解确定为当前一代的结果。因此，可以保证这一代产生结果的适应度不低于上一代的结果。至此，证明完毕。

接下来，利用引理的马尔可夫理论来证明 DCBA 满足引理的条件 2。

定理 5-2　随着代数接近无穷大，DCBA 的状态必须进入最优状态集 G_{best}。

证明：基于引理的马尔可夫理论，该定理可以表示为：

a. 在 DCBA 中，蝙蝠种群状态序列 $\{g^t,\ t\geqslant 0\}$ 是一个有限齐次马尔可夫链；

b. 最佳状态集 G_{best} 是闭集；

c. 除 G_{best} 外的真子集是开集。

步骤 1：首先，证明 DCBA 的蝙蝠种群状态序列 $\{g^t,\ t\geqslant 0\}$ 确实是一个有限齐次马尔

可夫链。

对于所提出的 DCBA，x、V 和 ϑ 在任何蝙蝠状态 $X=(x,V,\vartheta)$ 下都是有限的，因为对于任何随机算法，搜索空间都是有限的。因此，DCBA 中个体的状态空间是有限的。具有 N 个有限蝙蝠状态的蝙蝠种群状态 g 也是有限的，其中种群大小 N 为正且有限。

如定义 5-8 中给出的，种群状态转移概率 $P_g(g^{t-1}\Rightarrow g^t)$ 是对于 $1\leqslant i\leqslant N$ 的每个个体状态转移概率 $P_g(g^{t-1}\Rightarrow g^t)$ 的联合概率。根据定义 5-8，个体状态转移概率为

$$P_X(X_i^{t-1}\Rightarrow X_i^t)=P_x(x_i^{t-1}\rightarrow x_i^t)P_V(V_i^{t-1}\rightarrow V_i^t)P_*(\vartheta_i^{t-1}\rightarrow \vartheta_i^t) \tag{5-21}$$

式中，$P_x(x_i^{t-1}\rightarrow x_i^t)$、$P_V(V_i^{t-1}\rightarrow V_i^t)$ 和 $P_*(\vartheta_i^{t-1}\rightarrow \vartheta_i^t)$ 都只与 $t-1$ 时刻的种群状态有关。因此，$P_g(g^{t-1}\Rightarrow g^t)$ 也仅取决于 $t-1$ 时刻的种群状态。因此，种群状态序列是一个有限马尔可夫链。

最后，从定义 5-7 和定义 5-8 中，可以直接获得一个论点，即 $P_X(X_i^{t-1}\Rightarrow X_i^t)$ 和 $P_g(g^{t-1}\Rightarrow g^t)$ 与时间 $t-1$ 无关。这意味着种群状态序列是齐次的。

因此，DCBA 的蝙蝠种群状态序列 $\{g^t, t\geqslant 0\}$ 确实是一个有限齐次马尔可夫链。

步骤 2：接下来，证明 DCBA 的最佳状态集 G_{best} 是一个闭集。

对于 $\forall g_m\in G_{best}$ 和 $\forall g_n\notin G_{best}$，$\eta$ 步后从 g_m 转移到 g_n 的概率为

$$P^\eta(g_m\Rightarrow g_n)=\prod_{\tau=1}^{\eta}P_g(g_\tau\Rightarrow g_{\tau+1}) \tag{5-22}$$

式中，$g_1=g_m$ 和 $g_{\eta+1}=g_n$。

由定义 5-8 可知

$$P_g(g_\tau\Rightarrow g_{\tau+1})=\prod_{i=1}^{N}P_X(X_{\tau,i}\Rightarrow X_{(\tau+1),i}) \tag{5-23}$$

有 $g_\tau\in G_{best}$ 和 $g_{\tau+1}\notin G_{best}$，可以得到 $X_{\tau,i}\in g_\tau$ 和 $X_{(\tau+1),i}\in g_{\tau+1}$。然后，存在 $J_\Sigma(\vartheta_{\tau,i})\leqslant J_\Sigma(\vartheta_{(\tau+1),i})$，$\vartheta_{\tau,i}\in X_{\tau,i}$，$\vartheta_{(\tau+1),i}\in X_{(\tau+1),i}$ 使得 $P_X(X_{\tau,i}\Rightarrow X_{(\tau+1),i})=0$。因此，$\eta$ 步后从 g_m 转移到 g_n 的概率为零，即 $P_g(g_\tau\Rightarrow g_{\tau+1})=0$ 和 $P^\eta(g_m\Rightarrow g_n)=0$。至此，证明完毕。

步骤 3：最后，证明状态空间 G 中不存在非空闭集 Θ，它有 $G_{best}\bigcap\Theta=\varnothing$。

利用反证法。假设有一个闭子集 Θ 满足 $G_{best}\bigcap\Theta=\varnothing$。让 $g_c=(X_{c,1},\cdots,X_{c,i}^*,\cdots,X_{c,N})\in G_{best}$，式中，$X_{c,i}^*=(x_{c,i}^*,V_{c,i}^*,\vartheta_{c,i}^*)$ 是最佳个体状态。$\vartheta_{c,i}^*$ 是最优种群状态集 G_{best} 中的全局最优个体。类似地，让 $g_d=(X_{d,1},\cdots,X_{d,i}^*,\cdots,X_{d,N})\in\Theta$，式中，$X_{d,i}^*=(x_{d,i}^*,V_{d,i}^*,\vartheta_{d,i}^*)$ 代表 g_d 中的最佳个体 $\vartheta_{d,i}^*$ 的状态。

很清楚 $J_\Sigma(\vartheta_{d,i}^*) > J_\Sigma(\vartheta_{c,i}^*)$。因此，从 g_d 移动到 g_c 的概率表示为

$$P_g(g_d \Rightarrow g_c) = \prod_{i=1}^{N} P_X(X_{d,i} \Rightarrow X_{c,i}) > 0 \tag{5-24}$$

这与假设相冲突。因此，该定理被证明成立。

定理 5-3 提出的 DCBA 保证了概率意义上的全局收敛。

证明： 根据引理 5-1 的收敛标准，同时满足条件 1 和条件 2 的随机算法将是全局收敛的。由于提出的 DCBA 满足定理 5-1，所以它满足引理 5-1 的条件 1。并且，提出的 DCBA 满足定理 5-2，这意味着对于 $\forall g_m \in G_{\text{best}}$ 和 $g_n \notin G_{\text{best}}$ 都有 $\lim_{\eta \in [1, +\infty)} P^\eta(g_n \Rightarrow g_m) = 1$，从而也满足引理 5-1 的条件 2。因此，DCBA 具有全局收敛性。至此，证明完毕。

5.5　数据驱动约束蝙蝠算法的数值仿真实验

5.5.1　提议的 GDFS 策略的有效性

为了验证有效性并分析关键参数 Δx 的影响，在不同 Δx 的条件下执行 GDFS 策略来确定搜索空间 Ω。初始参数空间是 $L_{\text{limit}} = \{(K_p, K_i) \mid 0 < K_p < K_{\text{pmax}}, 0 < K_i < K_{\text{imax}}\}$。式中，$K_{\text{pmax}} = 20$；$K_{\text{imax}} = 10000$。初始顶点 x_0 选择为（6，1000）。步长为 $\Delta x = (K_{\text{pmax}}/\hat{\iota}_1, K_{\text{imax}}/\hat{\iota}_2)$。式中，$(\hat{\iota}_1, \hat{\iota}_2)$ 为（50，50）、（50，100）、（100，100）、（100，150）、（150，150）或（150，200）；$\iota_{\text{max}} = \hat{\iota}_1 \hat{\iota}_2$。

图 5-3 显示了在不同步长下由所提 GDFS 策略辨识的搜索空间 Ω。并且，将其与通过传统 DFS 策略穷举测试每个参数所提供的理想搜索空间进行比较。应注意，这种穷举的搜索只能由实际系统的数学模型执行，并且由于计算负担高而笨拙。在图 5-3 中，辨识的搜索空间边界（灰线）从未超过理想边界（黑线），并且两者在大多数区域相互重合。这意味着在本实验的不同步长（Δx）下，所提出的算法可以找到满足严格约束的可行参数区域。不可忽视的是，在辨识出的边界和理想边界之间存在着未被识别的区域。这些无法辨识的可行参数位于理想边界附近，这表明所提出的方法由于安全原因将某些关键点标记为潜在危险。在安全关键控制系统中，允许甚至鼓励这些错误。同时还可以发现，从图 5-3(a) 到图 5-3(f)，灰线逐渐接近黑线，一些无法识别的潜在可行参数逐渐减少。这意味着随着步长逐渐减小，性能预测函数的预测精度更高。值得一提的是，较小的步长表示要测试的顶点较多，这会增加计算负担。因此，需要合理选择步长。

5.5.2　基于 CEC2017 基准约束函数的实验

在本小节中，首先使用 6 个经典基准函数和 28 个 CEC2017 基准 COP 来评估所提出的 DCBA 的搜索性能。

为了便于评估搜索性能，将所提 DCBA 与其他六种基于布谷鸟搜索（CS）、花授粉算法

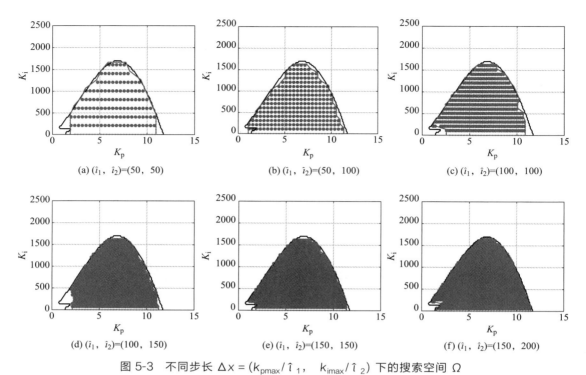

图 5-3　不同步长 $\Delta x = (k_{pmax}/\hat{\imath}_1, \quad k_{imax}/\hat{\imath}_2)$ 下的搜索空间 Ω

灰色区域和灰色线分别代表 GDFS 策略得到的搜索空间及其边界，黑色线代表理想的搜索空间边界

（FPA）、正余弦算法（SCA）、PSO、DE 和基本 BA 的约束优化算法在维度分别为 10 和 30（又称 10D、30D）的 CEC 2017 基准 COP 上进行比较。为了公平地比较搜索性能，所有算法都使用了 ε 约束处理方法。最大的适应度评价次数作为所有比较算法的终止标准，对于维度分别为 10 和 30 的问题，其值分别设置为 5×10^4 和 15×10^4。所有比较算法的种群大小都设置为 $N = 100$。

表 5-1 总结了 28 个 10D 的 CEC2017 基准函数上的所有比较算法的结果，其中 Mean、Std 和 FS 分别代表 25 次独立运行的平均值、标准差和可行率。提出的 DCBA 和 BA 可以在 18 个测试问题上达到 100% 的可行性率。作为对比，DE 算法在 20 个测试问题上，FPA 在 19 个测试问题上，PSO 在 14 个测试问题上，SCA 在 8 个测试问题上，CS 在 6 个测试问题上获得了 100% 的可行性率。关于解的质量，DCBA 获得了 16 个问题的最佳平均值。但是，DE、BA、PSO 和 FPA 在求解 28 个基准函数时分别只能产生 13、5、2 和 1 个最佳平均值。不幸的是，CS 和 SCA 未能获得任何最佳平均值。这意味着所提出的工作在解决这些难题方面具有广泛的搜索精度，但被比较的方法只在解决某些特定类型的问题方面是有效的。

Wilcoxon 符号秩检验用于从非参数统计检验的角度进一步比较算法的性能。

表 5-2 报告了 10D 基准函数上的 Wilcoxon 符号秩检验的结果，其显著性水平为 0.05。可以发现，所提出的 DCBA 比基本 BA、PSO、FPA、CS 和 SCA 具有显著的统计优势。对于 10D 的 CEC2017 基准 COP，DCBA 和 DE 之间没有显著差异。

表 5-1　对比算法在 10D 的 CEC2017 基准测试集上的结果（最优值以灰色背景突出显示）

问题	指标	SCA	CS	FPA	PSO	BA	DE	DCBA
C01	Mean	1.53E+01	3.28E+02	5.73E−10	4.46E−07	0	0	0
	Std	1.13E+01	2.06E+02	1.84E−09	6.55E−07	0	0	0
	FR	100.00%	100.00%	100.00%	100.00%	100.00%	100.00%	100.00%
C02	Mean	9.95E+00	5.58E+02	1.50E−08	1.38E−07	0	0	0
	Std	4.65E+00	4.39E+02	7.46E−08	2.88E−07	0	0	0
	FR	100.00%	100.00%	100.00%	100.00%	100.00%	100.00%	100.00%
C03	Mean	1.40E+05	2.05E+04	5.91E+04	8.64E+03	0	3.25E+03	0
	Std	1.93E+05	1.51E+04	1.47E+05	1.17E+04	0	4.28E+03	0
	FR	4.00%	100.00%	100.00%	20.00%	100.00%	20.00%	100.00%
C04	Mean	3.93E+01	9.54E+01	6.49E+01	1.59E+01	7.90E+01	2.31E+01	2.42E+01
	Std	5.56E+00	1.58E+01	1.21E+01	1.45E+00	4.43E+01	6.49E+00	4.67E+01
	FR	100.00%	100.00%	100.00%	100.00%	100.00%	100.00%	100.00%
C05	Mean	8.33E+00	1.33E+03	1.41E+00	3.77E+00	3.76E+00	7.05E−01	8.79E−01
	Std	1.15E+00	1.41E+03	1.85E+00	1.59E+00	1.77E+00	1.19E+00	1.64E+00
	FR	100.00%	100.00%	100.00%	100.00%	100.00%	100.00%	100.00%
C06	Mean	7.19E+02	1.23E+03	6.08E+02	1.08E+02	1.58E+02	1.17E+02	3.10E+01
	Std	7.79E+02	4.79E+02	9.44E+02	4.98E+01	5.97E+01	4.89E+01	4.07E+01
	FR	0.00%	0.00%	80.00%	8.00%	60.00%	4.00%	4.00%
C07	Mean	3.41E+01	−2.42E+01	−6.17E+01	−9.39E+01	−1.30E+02	3.62E+01	−1.51E+02
	Std	8.06E+01	9.09E+01	6.82E+01	6.66E+01	7.53E+01	9.21E+01	1.01E+02
	FR	0.00%	92.00%	100.00%	68.00%	76.00%	0.00%	84.00%
C08	Mean	5.37E−01	1.28E+01	−5.51E−04	−1.11E−03	−1.34E−03	−1.35E−03	−1.35E−03
	Std	2.07E−01	6.08E+00	6.06E−04	3.24E−04	6.61E−06	2.27E−12	6.85E−09
	FR	0.00%	0.00%	100.00%	100.00%	100.00%	100.00%	100.00%
C09	Mean	1.10E+01	1.26E+01	1.85E−01	2.46E−01	−4.97E−03	−4.98E−03	−4.98E−03
	Std	5.65E+00	6.64E+00	5.15E−01	1.25E+00	6.58E−07	0	0
	FR	8.00%	12.00%	100.00%	96.00%	100.00%	100.00%	100.00%
C10	Mean	1.18E+00	9.16E+00	−2.43E−04	−5.07E−04	−5.05E−04	−5.10E−04	−5.10E−04
	Std	3.87E−01	4.65E+00	2.09E−04	2.94E−06	2.73E−06	0	1.62E−10
	FR	0.00%	0.00%	100.00%	100.00%	100.00%	100.00%	100.00%
C11	Mean	−1.04E+02	−3.71E+01	−1.53E+00	−4.89E+02	−4.87E+00	−5.33E+02	−1.05E+02
	Std	5.85E+01	8.76E+01	4.83E+00	3.71E+02	1.58E−01	1.10E+02	2.46E+02
	FR	0.00%	0.00%	24.00%	0.00%	0.00%	0.00%	32.00%
C12	Mean	4.17E+01	4.69E+02	7.72E+00	3.99E+00	3.99E+00	3.99E+00	3.99E+00
	Std	7.98E+00	2.63E+02	5.77E+00	1.47E−05	9.61E−05	1.79E−05	3.77E−06
	FR	100.00%	0.00%	100.00%	100.00%	100.00%	100.00%	100.00%

问题	指标	SCA	CS	FPA	PSO	BA	DE	DCBA
C13	Mean	1.50E+03	9.76E+06	1.86E+04	1.37E+01	8.37E+00	1.07E+01	6.38E−01
	Std	1.15E+03	1.13E+07	7.99E+04	3.10E+01	2.59E+01	2.16E+01	1.49E+00
	FR	100.00%	0.00%	92.00%	100.00%	100.00%	100.00%	100.00%
C14	Mean	4.05E+00	1.41E+01	2.92E+00	2.67E+00	2.90E+00	2.85E+00	2.44E+00
	Std	2.36E−01	2.47E+00	2.93E−01	3.10E−01	3.79E−01	2.66E−01	1.10E−01
	FR	0.00%	0.00%	100.00%	100.00%	100.00%	100.00%	100.00%
C15	Mean	1.54E+01	1.53E+01	1.28E+01	1.29E+01	5.00E+00	3.36E+00	5.14E+00
	Std	2.82E+00	2.99E+00	3.10E+00	4.61E+00	3.81E+00	1.75E+00	3.20E+00
	FR	92.00%	96.00%	100.00%	96.00%	4.00%	100.00%	0.00%
C16	Mean	6.99E+01	7.00E+01	4.49E+01	0	6.28E−02	2.89E+00	0
	Std	8.35E+00	8.53E+00	1.37E+01	0	3.14E−01	2.16E+00	0
	FR	76.00%	80.00%	100.00%	100.00%	100.00%	100.00%	100.00%
C17	Mean	1.05E+00	1.07E+00	9.40E−01	1.13E+00	7.52E−01	1.03E+00	9.76E−01
	Std	1.18E−01	8.12E−02	8.89E−02	3.35E−01	4.28E−01	3.24E−01	5.78E−01
	FR	0.00%	0.00%	0.00%	0.00%	0.00%	0.00%	0.00%
C18	Mean	2.51E+02	3.69E+03	4.08E+01	4.20E+01	4.17E+01	3.68E+01	3.66E+01
	Std	3.22E+02	4.16E+03	6.08E+00	1.69E+01	8.40E+00	8.45E−01	1.49E−03
	FR	0.00%	0.00%	100.00%	96.00%	100.00%	100.00%	100.00%
C19	Mean	6.27E+00	1.57E+01	1.09E+00	4.41E−01	8.66E+00	0	6.31E−09
	Std	2.67E+00	6.38E+00	2.20E+00	2.20E+00	7.11E+00	0	3.15E−08
	FR	0.00%	0.00%	0.00%	0.00%	0.00%	0.00%	0.00%
C20	Mean	1.32E+00	1.40E+00	1.04E+00	1.12E+00	9.46E−01	1.51E+00	9.42E−01
	Std	1.63E−01	1.91E−01	4.01E−01	3.43E−01	2.52E−01	2.01E−01	4.10E−01
	FR	100.00%	100.00%	100.00%	100.00%	100.00%	100.00%	100.00%
C21	Mean	9.73E+01	1.07E+03	1.08E+01	1.05E+01	4.76E+00	3.99E+00	5.59E+00
	Std	2.85E+01	6.90E+02	7.27E+00	6.89E+00	3.84E+00	5.43E−05	4.64E+00
	FR	52.00%	0.00%	100.00%	100.00%	100.00%	100.00%	100.00%
C22	Mean	1.55E+04	6.09E+07	2.97E+05	1.48E+02	2.26E+03	1.54E+01	1.45E+04
	Std	1.29E+04	1.31E+08	5.46E+05	5.17E+02	7.76E+03	2.64E+01	7.07E+04
	FR	100.00%	0.00%	36.00%	100.00%	88.00%	100.00%	84.00%
C23	Mean	4.48E+00	1.74E+01	3.26E+00	3.62E+00	3.28E+00	3.29E+00	2.99E+00
	Std	4.86E−01	2.48E+00	2.36E−01	2.81E−01	2.70E−01	2.22E−01	3.58E−01
	FR	0.00%	0.00%	100.00%	100.00%	100.00%	100.00%	100.00%
C24	Mean	1.63E+01	1.85E+01	1.23E+01	1.56E+01	5.25E+00	3.11E+00	4.51E+00
	Std	2.73E+00	4.63E+00	2.82E+00	5.13E+00	3.00E+00	1.64E+00	3.35E+00
	FR	32.00%	52.00%	100.00%	48.00%	44.00%	100.00%	8.00%

续表

问题	指标	SCA	CS	FPA	PSO	BA	DE	DCBA
C25	Mean	6.79E+01	8.16E+01	5.57E+01	5.52E+01	8.23E+00	7.29E+00	3.14E−01
	Std	1.05E+01	1.49E+01	1.33E+01	2.14E+01	1.16E+01	2.07E+00	1.28E+00
	FR	68.00%	48.00%	100.00%	80.00%	100.00%	100.00%	100.00%
C26	Mean	1.04E+00	1.26E+00	9.44E−01	9.27E−01	8.13E−01	1.16E+00	9.14E−01
	Std	1.46E−01	2.25E−01	8.98E−02	1.76E−01	2.70E−01	2.44E−01	2.01E−01
	FR	0.00%	0.00%	0.00%	0.00%	0.00%	0.00%	0.00%
C27	Mean	8.28E+03	7.64E+03	1.48E+02	5.26E+01	4.06E+01	3.91E+01	3.67E+01
	Std	9.43E+03	6.25E+03	3.56E+02	3.39E+01	6.46E+00	6.53E+00	2.27E+00
	FR	0.00%	0.00%	84.00%	68.00%	100.00%	100.00%	100.00%
C28	Mean	3.57E+01	3.45E+01	4.28E+01	3.14E+01	5.20E+01	2.26E+01	3.28E+01
	Std	1.08E+01	1.23E+01	9.95E+00	8.91E+00	9.73E+00	1.25E+01	9.61E+00
	FR	0.00%	0.00%	0.00%	0.00%	0.00%	0.00%	0.00%

表 5-2　求解 10D CEC2017 基准测试集时对比算法之间的 Wilcoxon 符号秩检验

与 DCBA 比较的算法	$R+$	$R-$	p 值	h 值
SCA	406	0	3.79E−06	1
CS	406	0	3.79E−06	1
FPA	400	6	7.26E−06	1
PSO	295	83	0.010876249	1
BA	263	62	0.006848048	1
DE	204	147	0.469162525	0

表 5-3 给出了 30D 时 28 个 CEC2017 基准约束优化问题的结果。随着问题维数的增加，除了所提出的算法外，所有算法都出现了不同程度的性能下降。对于 30D 的 28 个基准函数，虽然 DE 在 16 个问题上达到了 100% 的可行率，但只在 3 个问题上取得了最佳平均值。然而，所提出的 DCBA 仍然保持了最具竞争力的搜索能力，因为它不仅可以以 100% 的可行率解决 28 个测试问题中的 20 个，而且还获得了 17 个测试问题的最佳平均值。对于 CS、SCA 和 FPA，在求解 30D 的 CEC2017 基准函数时，它们的结果没有比其他算法更好的平均值。BA 和 PSO 分别可以在 7 个和 2 个测试问题上取得最佳平均值，它们显示出与解决 10D 的 CEC2017 问题时相似的搜索性能。作为进一步观察，30D 基准函数的 Wilcoxon 符号秩检验结果如表 5-4 所示。这些结果表明，对于 30D 的 CEC2017 基准约束优化问题，所提出的 DCBA 在统计上优于其他算法。

总之，上述性能概况表明，所提 DCBA 的搜索性能优于 BA、PSO、DE、FPA、CS 和 SCA。所提 DCBA 有更高的概率在有限的评估次数内获得约束控制器优化问题的最优解。

表 5-3 对比算法在 30D CEC2017 基准测试集上的结果（最优值以灰色背景突出显示）

问题	指标	SCA	CS	FPA	PSO	BA	DE	DCBA
C01	Mean	3.14E+03	4.45E+04	8.54E+00	3.50E+02	1.96E−03	1.69E−01	1.39E−07
	Std	7.72E+02	5.59E+03	1.04E+01	1.40E+02	1.84E−03	6.31E−02	2.08E−07
	FR	100.00%	100.00%	100.00%	100.00%	100.00%	100.00%	100.00%
C02	Mean	2.66E+03	1.06E+05	1.18E+01	4.20E+02	1.99E−03	1.05E−01	2.11E−07
	Std	4.14E+02	4.84E+04	1.51E+01	2.15E+02	1.38E−03	4.86E−02	6.25E−07
	FR	100.00%	100.00%	100.00%	100.00%	100.00%	100.00%	100.00%
C03	Mean	1.73E+06	4.53E+05	3.53E+05	1.76E+05	1.13E−06	3.89E+05	1.18E+05
	Std	1.40E+06	3.54E+05	4.15E+05	2.01E+05	5.44E−07	5.87E+05	1.76E+05
	FR	8.00%	80.00%	100.00%	12.00%	100.00%	0.00%	16.00%
C04	Mean	2.29E+02	6.90E+02	2.58E+02	9.36E+01	2.65E+02	1.15E+02	1.01E+02
	Std	1.35E+01	9.82E+01	4.31E+01	2.22E+01	7.29E+01	5.52E+01	2.37E+01
	FR	100.00%	100.00%	100.00%	100.00%	100.00%	100.00%	100.00%
C05	Mean	3.33E+02	2.08E+06	3.36E+01	4.01E+01	2.91E+01	1.57E+00	5.17E−01
	Std	6.54E+01	1.00E+06	2.70E+01	2.69E+01	1.90E+01	1.52E+00	1.32E+00
	FR	100.00%	0.00%	100.00%	100.00%	100.00%	100.00%	100.00%
C06	Mean	5.71E+03	6.62E+03	3.29E+03	4.63E+02	6.12E+02	1.79E+03	4.35E+02
	Std	1.35E+03	1.55E+03	1.39E+03	1.10E+02	1.52E+02	8.78E+02	7.55E+01
	FR	0.00%	0.00%	100.00%	8.00%	100.00%	0.00%	100.00%
C07	Mean	−8.51E+00	5.06E+01	−4.30E+01	−1.58E+02	−3.20E+02	−1.27E+01	−6.78E+01
	Std	1.42E+02	1.29E+02	4.79E+01	1.36E+02	1.66E+02	1.32E+02	1.35E+02
	FR	0.00%	0.00%	84.00%	92.00%	88.00%	0.00%	52.00%
C08	Mean	8.64E+00	9.92E+01	7.87E−01	5.53E+00	1.39E−02	1.16E−02	−2.47E−04
	Std	8.96E−01	8.07E+00	1.13E+00	1.99E+00	6.96E−03	4.04E−03	2.56E−05
	FR	0.00%	0.00%	0.00%	0.00%	8.00%	8.00%	100.00%
C09	Mean	1.47E+01	1.44E+01	2.10E+00	1.26E+00	−2.55E−03	−2.67E−03	−2.67E−03
	Std	3.52E+00	4.11E+00	2.31E+00	2.27E+00	5.01E−04	1.82E−09	3.39E−09
	FR	0.00%	0.00%	100.00%	72.00%	100.00%	100.00%	100.00%
C10	Mean	1.77E+01	7.81E+01	4.38E−02	2.83E−01	1.39E−04	−1.03E−04	−8.95E−05
	Std	5.22E+00	1.23E+01	6.11E−02	1.65E−01	5.95E−05	4.88E−07	6.18E−06
	FR	0.00%	0.00%	4.00%	0.00%	100.00%	100.00%	100.00%
C11	Mean	−1.63E+03	−1.34E+03	−2.90E+02	−2.76E+03	−1.37E+03	−2.18E+03	−2.62E+03
	Std	2.49E+02	1.62E+03	7.94E+01	3.72E+02	2.52E+02	1.77E+02	7.88E+01
	FR	0.00%	0.00%	0.00%	0.00%	0.00%	0.00%	0.00%
C12	Mean	4.00E+02	3.41E+04	1.67E+01	9.28E+00	4.72E+00	7.97E+00	4.68E+00
	Std	3.68E+01	4.88E+03	1.25E+01	7.91E+00	2.04E+00	5.13E+00	1.92E+00
	FR	0.00%	0.00%	100.00%	100.00%	100.00%	100.00%	100.00%

续表

问题	指标	SCA	CS	FPA	PSO	BA	DE	DCBA
C13	Mean	6.18E+05	1.14E+10	5.00E+06	5.35E+03	6.55E+01	1.50E+04	1.73E+01
	Std	3.68E+05	4.81E+09	2.99E+06	1.09E+04	1.10E+02	7.58E+03	3.39E+01
	FR	0.00%	0.00%	0.00%	100.00%	96.00%	0.00%	100.00%
C14	Mean	7.89E+00	2.17E+01	1.96E+00	2.21E+00	1.94E+00	2.01E+00	1.65E+00
	Std	5.67E−01	1.50E−01	1.52E−01	1.24E−01	1.37E−01	1.07E−01	1.31E−01
	FR	0.00%	0.00%	100.00%	100.00%	100.00%	100.00%	100.00%
C15	Mean	1.93E+01	7.56E+01	1.74E+01	1.93E+01	9.02E+00	1.47E+01	1.18E+01
	Std	2.40E+00	1.28E+01	2.03E+00	2.87E+00	1.38E+00	2.01E+00	4.80E+00
	FR	100.00%	0.00%	100.00%	100.00%	100.00%	100.00%	100.00%
C16	Mean	2.21E+02	8.46E+02	1.82E+02	1.08E+02	1.51E+00	6.34E+01	0
	Std	1.69E+01	7.05E+01	1.65E+01	6.77E+01	3.14E−01	1.32E+01	0
	FR	96.00%	0.00%	100.00%	88.00%	100.00%	100.00%	100.00%
C17	Mean	1.03E+00	9.29E+00	1.03E+00	8.77E−01	7.88E−01	1.03E+00	1.03E+00
	Std	5.19E−03	1.50E+00	4.15E−03	2.14E−01	2.55E−01	8.35E−03	3.42E−01
	FR	0.00%	0.00%	0.00%	0.00%	0.00%	0.00%	0.00%
C18	Mean	2.45E+03	4.61E+04	3.13E+02	9.09E+01	4.34E+01	3.70E+01	3.98E+01
	Std	3.25E+03	9.43E+03	5.76E+02	5.94E+01	1.94E+01	2.23E+00	6.95E+00
	FR	0.00%	0.00%	8.00%	20.00%	88.00%	100.00%	100.00%
C19	Mean	6.61E+01	1.29E+02	4.38E+01	1.76E+00	7.26E+01	1.62E−05	1.09E−08
	Std	1.17E+01	1.67E+01	1.73E+01	4.22E+00	1.66E+01	4.17E−05	4.06E−08
	FR	0.00%	0.00%	0.00%	0.00%	0.00%	0.00%	0.00%
C20	Mean	8.05E+00	8.39E+00	4.11E+00	7.00E+00	2.51E+00	8.06E+00	7.00E+00
	Std	4.37E−01	3.72E−01	1.88E+00	1.12E+00	4.29E−01	3.16E−01	1.17E+00
	FR	100.00%	100.00%	100.00%	100.00%	100.00%	100.00%	100.00%
C21	Mean	9.50E+02	1.01E+05	1.89E+01	2.92E+01	9.83E+00	1.65E+01	9.18E+00
	Std	1.92E+02	1.18E+04	1.38E+01	1.91E+01	7.76E+00	1.33E+01	5.74E+00
	FR	0.00%	0.00%	100.00%	100.00%	100.00%	100.00%	100.00%
C22	Mean	6.95E+06	1.01E+11	2.65E+07	6.74E+05	4.47E+05	2.57E+04	1.68E+05
	Std	4.56E+06	3.65E+10	2.28E+07	5.67E+05	1.18E+06	2.33E+04	2.35E+05
	FR	0.00%	0.00%	0.00%	4.00%	52.00%	0.00%	44.00%
C23	Mean	1.38E+01	2.17E+01	2.31E+00	2.33E+00	2.10E+00	2.02E+00	2.03E+00
	Std	1.16E+00	1.13E−01	1.69E−01	5.78E−02	1.00E−01	7.16E−02	9.74E−02
	FR	0.00%	0.00%	84.00%	92.00%	100.00%	100.00%	100.00%
C24	Mean	2.27E+01	1.37E+02	1.79E+01	1.91E+01	1.18E+01	1.74E+01	1.39E+01
	Std	3.02E+00	2.21E+01	1.69E+00	3.23E+00	9.07E−01	3.27E+00	3.71E+00
	FR	52.00%	0.00%	100.00%	96.00%	100.00%	100.00%	100.00%

续表

问题	指标	SCA	CS	FPA	PSO	BA	DE	DCBA
C25	Mean	2.32E+02	1.42E+03	2.06E+02	2.09E+02	8.79E+01	1.40E+02	2.97E+01
	Std	1.05E+01	1.26E+02	1.79E+01	4.20E+01	2.02E+01	2.56E+01	2.15E+01
	FR	52.00%	0.00%	100.00%	40.00%	100.00%	100.00%	100.00%
C26	Mean	1.20E+00	2.62E+01	1.03E+00	9.62E−01	9.05E−01	1.03E+00	9.50E−01
	Std	9.60E−02	3.08E+00	3.73E−03	1.06E−01	2.21E−01	3.04E−03	2.32E−01
	FR	0.00%	0.00%	0.00%	0.00%	0.00%	0.00%	0.00%
C27	Mean	6.52E+03	2.81E+05	5.71E+02	1.88E+02	7.42E+01	8.06E+01	4.11E+01
	Std	8.12E+03	7.10E+04	8.38E+02	1.06E+02	6.44E+01	1.12E+02	6.82E+00
	FR	0.00%	0.00%	0.00%	0.00%	36.00%	76.00%	100.00%
C28	Mean	1.56E+02	1.89E+02	1.89E+02	1.48E+02	2.05E+02	1.46E+02	1.31E+02
	Std	1.66E+01	2.52E+01	2.41E+01	1.43E+01	1.91E+01	2.33E+01	2.48E+01
	FR	0.00%	0.00%	0.00%	0.00%	0.00%	0.00%	0.00%

表 5-4　求解 30D CEC2017 基准测试集时对比算法之间的 Wilcoxon 符号秩检验

与 DCBA 比较的算法	$R+$	$R-$	p 值	h 值
SCA	406	0	3.79E−06	1
CS	406	0	3.79E−06	1
FPA	398	8	8.98E−06	1
PSO	350	56	8.16E−04	1
BA	295	111	3.62E−02	1
DE	357	49	4.54E−04	1

第6章

基于模糊计算的机器人
控制参数在线优化

6.1　概述

　　机器人控制参数在线优化的主要任务是在机器人正式运行期间，根据环境变化、任务需求变化或系统状态变化，动态调整系统的控制参数，从而优化机器人的性能、稳定性和效率，最大程度地提高机器人的工作效率和任务完成能力。Mamdani 型模糊计算在机器人控制参数的在线优化中得到了广泛应用。其不依赖于被控对象的机理模型，只以输入数据和输出数据为必要信息，利用已知的经验知识自适应调整控制参数，具备良好的数据驱动特性和强大的非线性处理能力。因此，Mamdani 型模糊计算可以用于优化机器人系统各个环节的各类控制器。目前，基于 Mamdani 型模糊计算的 PID 控制器参数在线优化是使用最为广泛且最具代表性的应用案例，后文简称模糊自适应 PID 或模糊 PID。

　　在工业机器人中，每个关节通常都由一个独立的永磁同步电机驱动，这样可以实现对每个关节位置、速度和力矩的精确控制，使机器人能够实现复杂的运动轨迹和任务。同时，由于每个关节都由独立的驱动器控制，因此也能提高系统的可靠性和灵活性。机器人伺服驱动系统的性能直接关系到机器人的运动控制和运动性能，因此在机器人系统中具有至关重要的地位。优秀的伺服驱动系统能够提高机器人的工作效率、精确性和稳定性，从而更好地满足各种工业和服务应用的需求。

　　下面将以工业机器人伺服驱动系统为对象，探讨机器人控制参数优化，并提出一种改进的模糊 PI 控制方案。

6.2 机器人控制参数在线优化方案

6.2.1 永磁同步伺服驱动系统

在矢量控制的 d-q 轴坐标系中，永磁同步伺服电机的电压方程为

$$\begin{cases} V_q = L_q \dot{i}_q + R_s i_q + n_p L_d \omega i_d + \psi_f \omega \\ V_d = L_d \dot{i}_d + R_s i_d - n_p L_q \omega i_q \end{cases} \tag{6-1}$$

式中，i_d 和 i_q 是 d-q 轴电流；V_d 和 V_q 是 d-q 轴电压；ω 是转子角速度；L_d 和 L_q 代表 d-q 轴定子电感；n_p、R_s 和 ψ_f 分别代表磁极对数、定子电阻和转子磁链。

在上述电压方程中，d 轴和 q 轴之间存在交叉耦合项 $n_p L_q \omega i_q$ 和 $n_p L_d \omega i_d + \psi_f \omega$。同时，由于物理特性的局限，电机磁饱和引起电感（$L_d$，$L_q$）变化，定子电阻 R_s 随温度变化，允许的电流和电压有明确的上限。

永磁同步伺服电机生成的电磁转矩为

$$T_e = 1.5 n_p [\psi_f i_q + (L_q - L_d) i_q i_d] \tag{6-2}$$

永磁同步伺服电机的机械方程为

$$T_e = J_m \dot{\omega} + B_f \omega + T_l \tag{6-3}$$

式中，J_m 和 B_f 分别代表转子惯量和黏性摩擦系数，其会随工况发生变动；T_l 是集中转矩扰动，主要包括负载转矩、摩擦转矩、齿槽转矩等。通常，这些非线性转矩是不确定的，难以准确识别。另外，它们有一个上限 T_{max}，即 $f(\omega) \leqslant T_{max}$。

综上，d-q 轴坐标系中，永磁同步伺服电机的动力学模型可以表示为

$$\begin{cases} \dot{i}_d = (V_d - R_s i_d)/L_d + n_p L_q \omega i_q / L_d \\ \dot{i}_q = (V_q - R_s i_q)/L_q - n_p \omega (L_d i_d + \psi_f)/L_q \\ \dot{\omega} = \{1.5 n_p [\psi_f i_q + (L_q - L_d) i_q i_d] - B_f \omega - T_l\}/J_m \end{cases} \tag{6-4}$$

式中，i_d 和 i_q 是 d-q 轴电流；V_d 和 V_q 是 d-q 轴电压；ω 是转子角速度；T_l 是集中转矩扰动；L_d 和 L_q 代表 d-q 轴定子电感；n_p、R_s、J_m、B_f 和 ψ_f 分别代表磁极对数、定子电阻、转子惯量、黏性摩擦系数和转子磁链。

假设 d 轴和 q 轴的电感相同，即考虑表面贴装永磁同步伺服电机。对于表贴式永磁同步伺服电机 $L_q \approx L_d$，则

$$\begin{cases} \dot{i}_d = (V_d - R_s i_d + n_p L \omega i_q)/L \\ \dot{i}_q = (V_q - R_s i_q - n_p \omega L i_d - n_p \omega \psi_f)/L \\ \dot{\omega} = (1.5 n_p \psi_f i_q - B_f \omega - T_l)/J_m \end{cases} \tag{6-5}$$

从永磁同步伺服电机的基本数学模型可见，转矩或转速的控制由对交直流电压的调制来实现，控制系统的整体框图如图 6-1 所示。逆变器将芯片中的交直流电压数字指令，通过 SVPWM（space vector pulse width modulation）调制的方式，转变为 PWM 波，进而控制电机运动。PWM 占空比更新会产生一定的滞后作用。对于伺服系统来说，一般分别采用模-数转换芯片和总线式编码器来实时采集电机的电流和位置。这些状态信号的采集模块都可近似为控制系统的延时环节。

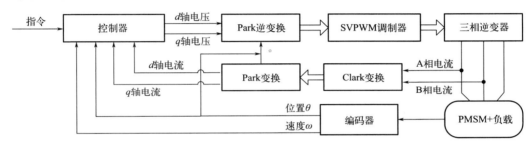

图 6-1　伺服系统控制结构

当伺服系统的指令为速度时，控制器部分可以采用级联 PI 控制结构。它包括两个位于内环的电流 PI 控制器和一个位于外环的速度 PI 控制器。三个 PI 控制器共享相同的描述，且设计及运行均不依赖精确的被控系统模型。

$$\begin{cases} i_{qr}(t) = k_{ps}\left[\omega_r(t) - \omega(t) + k_{is}\int_0^t (\omega_r(t) - \omega(t))\mathrm{d}t\right] \\ V_{qr}(t) = k_{pcq}\left[i_{qr}(t) - i_q(t) + k_{icq}\int_0^t (i_{qr}(t) - i_q(t))\mathrm{d}t\right] \\ V_{dr}(t) = k_{pcd}\left[i_{dr}(t) - i_d(t) + k_{icd}\int_0^t (i_{dr}(t) - i_d(t))\mathrm{d}t\right] \end{cases} \tag{6-6}$$

式中，$V_{dr}(t)$ 和 $V_{qr}(t)$ 是 d-q 轴电压参考；$i_{dr}(t)$ 和 $i_{qr}(t)$ 表示 d-q 轴电流参考；$i_d(t)$ 和 $i_q(t)$ 表示 d-q 轴电流反馈；ω 和 ω_r 表示速度反馈和速度参考；k_{ps}、k_{is}，k_{pcq}、k_{icq}，k_{pcd} 和 k_{icd} 分别是速度控制器、q 轴电流控制器和 d 轴电流控制器的比例增益和积分增益。

在运行过程中，速度 PI 控制器根据速度反馈与指令的偏差信息生成 q 轴电流参考信号；然后，电流控制器利用电流反馈与指令的偏差信息生成为伺服驱动器的电压指令；最后，在 Clark 变换、Park 变换、Park 逆变换、SVPWM 调制器、三相逆变器等模块的帮助下，将电压指令转换为 PMSM 的实时三相控制电压，驱动电机快速准确跟踪给定速度。在一般情况下，d 轴电流参考 $i_{dr}(t)$ 设置为 0 以减弱转矩脉动。

6.2.2 模糊自适应 PI 控制方法

模糊自适应 PI 控制系统利用模糊调整器在线自适应优化 PI 控制器的比例增益和积分增益，其通用模型可以表示为

$$u(t) = \hat{k}_{\mathrm{p}}(t)\left[e(t) + \hat{k}_{\mathrm{i}}(t)\int_0^t e(t)\mathrm{d}t\right] \tag{6-7}$$

式中，$\hat{k}_{\mathrm{p}}(t)$ 和 $\hat{k}_{\mathrm{i}}(t)$ 分别是比例增益和积分增益，它们根据系统状态更新，这意味着

$$\begin{cases} \hat{k}_{\mathrm{p}}(t) = k_{\mathrm{p0}} + y_{\Delta k_{\mathrm{p}}}(e(t), \Delta e(t)) \\ \hat{k}_{\mathrm{i}}(t) = k_{\mathrm{i0}} + y_{\Delta k_{\mathrm{i}}}(e(t), \Delta e(t)) \end{cases} \tag{6-8}$$

式中，k_{p0} 和 k_{i0} 为初始的比例增益和积分增益；$y_{\Delta k_{\mathrm{p}}}(\bullet)$ 和 $y_{\Delta k_{\mathrm{i}}}(\bullet)$ 为由模糊调整器生成的调整量。

得益于增益自整定的特性，模糊 PI 控制器可以对不确定扰动引起的系统状态变化进行及时补偿。因此，模糊 PI 控制的电流回路表现出对电感和电阻变化的鲁棒性。同时，模糊 PI 速度控制器可以有效减轻转矩扰动的影响，此时 $e(t) = \omega_{\mathrm{r}}(t) - \omega(t)$，$\omega_{\mathrm{r}}(t)$ 为电机指令速度，$u(t)$ 为 q 轴指令电流 $i_{q\mathrm{r}}(t)$，即

$$i_{q\mathrm{r}}(t) = \hat{k}_{\mathrm{p}}(t)\left[e(t) + \hat{k}_{\mathrm{i}}(t)\int_0^t e(t)\mathrm{d}t\right] \tag{6-9}$$

在实际工业机器人伺服驱动系统中，相比于速度环，电流环具有更宽的带宽，以确保对控制命令或参数变化的响应迅速。在速度跟踪设计中，通常将电流环视为一个单位比例模块，即假设实际电流准确跟踪指令电流。构建的速度控制模型可以描述为

$$\omega(s) = K_{\mathrm{f}} i_q(s) / (J_{\mathrm{m}} s + B_{\mathrm{f}}) \tag{6-10}$$

式中，K_{f} 为转矩常数。

上述模型忽略了数据处理和电子信号转换的延迟效应。并且，对于实际的工业机器人控制系统，数据传输的网络特性也会导致不可避免的延迟问题。考虑转矩扰动、输入饱和及系统延迟，工业机器人伺服驱动系统式（6-10）的传递函数可表示为

$$\omega(s) = [K_{\mathrm{f}}\mathrm{sat}(i_q(s)) - \widetilde{T}_1(s)]\mathrm{e}^{-\tau s} / (J_{\mathrm{m}} s + B_{\mathrm{f}}) \tag{6-11}$$

式中，$\mathrm{sat}(\bullet)$ 为非线性饱和函数；τ 为集总时间延迟；$\widetilde{T}_1(s)$ 为集总不确定性扰动且服从 $\widetilde{T}_1 \leqslant T_{\max}$。

6.3　预测型模糊自适应 PI 控制结构

如图 6-2 所示，预测型模糊自适应 PI（adaptive fuzzy PI，AFPI）控制方案由预测函数控制（predictive function control，PFC）模块、自适应模糊调整器和新颖的抗饱和 PI 控制器组成，以保证令人满意的跟踪性能。

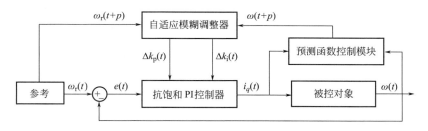

图 6-2　所提模糊自适应 PI 控制结构

6.3.1　改进的预测函数控制模块

改进的预测函数控制模块旨在预测未来的输出，这些输出用作模糊调整器的输入。为了制订预测模型，受控系统可以通过 auto-regressive xogenous（ARX）模型描述如下：

$$\omega(t) = \left[B(z^{-1})/A(z^{-1}) \right] i_q(t) \tag{6-12}$$

且

$$A(z^{-1}) = 1 + a_1 z^{-1} + a_2 z^{-2} + \cdots + a_i z^{-i} + \cdots + a_{n_a} z^{-n_a} \tag{6-13}$$

$$B(z^{-1}) = b_1 z^{-1} + b_2 z^{-2} + \cdots + b_i z^{-i} + \cdots + b_{n_b} z^{-n_b} \tag{6-14}$$

式中，z^{-i} 是 i 阶延时算子；a_i 和 b_i 是被辨识的模型参数；n_a 和 n_b 是模型的相关阶数。参考 ARX 模型，受控系统传递函数方程 [式 (6-11)] 可以近似为

$$\omega(t) = a\omega(t-1) + b i_q(t-1-\tau) \tag{6-15}$$

式中，τ 是集总时延；a 和 b 是模型的系数，本书通过递归最小二乘识别算法和即时学习算法离线识别。

利用式 (6-15) 生成以下没有时间延迟的预测模型，即

$$\omega(t) = a\omega(t-1) + b i_q(t-1) \tag{6-16}$$

由于忽略了未知的外部扰动和时延，上述参考模型不可避免地存在建模误差。为保证预测精度，本小节不仅基于模型推导预测输出，还提出了纠错机制。

当设定值发生阶跃变化时，受控设备输入 i_q 将在闭环响应时间内保持恒定。基于 PFC 理论，假设在有限的预测范围 p 内，输入将在后续步骤中保持不变，即 $i_q(t+i) = i_q(t)$，$i = 1, 2, 3, \cdots, p$。在这方面，可以降低预测模型的复杂性。同时，最大预测步长可以定义为

$$p_{\max} = T_{\text{speed}} / T_{\text{current}} \tag{6-17}$$

式中，T_{speed} 和 T_{current} 分别表示速度环和电流环的循环周期。

根据式(6-16)，用于 t 采样瞬间的数据预测系统的下一个输出为

$$\omega(t+1) = a\omega(t) + bi_q(t) \tag{6-18}$$

直接推导得

$$
\begin{aligned}
\omega_{\text{m}}(t+2) &= a\omega_{\text{m}}(t+1) + bi_q(t+1) \\
&= a[a\omega_{\text{m}}(t) + bi_q(t)] + bi_q(t) \\
&= a^2 \omega_{\text{m}}(t) + (a+1)bi_q(t)
\end{aligned} \tag{6-19}
$$

未来的输出被预测为

$$
\begin{aligned}
\omega_{\text{m}}(t+3) &= a\omega_{\text{m}}(t+2) + bi_q(t+2) \\
&= a^3 \omega_{\text{m}}(t) + (a^2 + a + 1)bi_q(t) \\
&= a^3 \omega_{\text{m}}(t) + [(1-a^3)/(1-a)]bi_q(t)
\end{aligned} \tag{6-20}
$$

通过数学推理，可得当前采样时间前 p 步的系统输出为

$$
\begin{aligned}
\omega_{\text{m}}(t+p) &= a\omega_{\text{m}}(t+p-1) + bi_q(t+p-1) \\
&= a^p \omega_{\text{m}}(t) + (a^{p-1} + \cdots + a^i + \cdots + a + 1)bi_q(t) \\
&= a^p \omega_{\text{m}}(t) + [(1-a^p)/(1-a)]bi_q(t)
\end{aligned} \tag{6-21}
$$

然后，纠错机制利用先前的预测信息来提高对 $t+p$ 时刻的预测精度。基于模型预测值与实际值之间的误差，可预估未来的误差为

$$h(t+p) = \left\{ \sum_{z=0}^{p-1} m_z [\omega(t-z) - \omega_{\text{m}}(t-z)] \right\} \bigg/ \sum_{z=0}^{p-1} m_z \tag{6-22}$$

式中，m_z 是权重因子；$\omega(t-z)$ 和 $\omega_m(t-z)$ 分别是在 $t-z$ 时刻的实际速度和模型预测速度。

基于修正的误差式(6-22)，预测输出被修正为

$$\omega_p(t+p) = \omega_m(t+p) + h(t+p) \tag{6-23}$$

假设预期的参考轨迹为

$$\omega_r(t+p) = \omega_s(t+p) - \delta^p(\omega_s(t) - \omega_p(t)), \delta = e^{-T_s/T_r} \tag{6-24}$$

式中，T_s 和 T_r 分别代表采样时间和闭环响应时间；ω_s 为设定速度。

接着，推导 $t+p$ 时刻的预测误差为

$$e(t+p) = \omega_r(t+p) - \omega_p(t+p) \tag{6-25}$$

相应的误差导数为

$$\Delta e(t+p) = e(t+p) - e(t+p-1) \tag{6-26}$$

改进的预测函数控制模块可以在有限的步骤中预测系统的未来状态，并且，它可以通过先前预测信息削弱建模错误对当前结果的影响。使用预测的误差作为输入信号，模糊调整器可以迅速响应由不确定的干扰引起的系统状态变化。由于模糊控制对跟踪误差具有一定的容忍度，因此该方法能降低预测信息准确性的要求。

6.3.2　自适应模糊调整器

自适应模糊调整器设计为自动调整 PI 控制参数以匹配当前系统状态。跟踪误差及其导数被从实际控制域量化到相应的模糊域。实际域和模糊域分别表示为 $[-\hat{e}_m, \hat{e}_m]$ 和 $[-\hat{\mu}_m, \hat{\mu}_m]$。量化关系定义为

$$\hat{\mu}_i = M(\hat{e}_i) = \text{sign}(\hat{e}_i)\min\{\hat{\mu}_m, |\rho\hat{e}_i|\} \tag{6-27}$$

式中，$\text{sign}(\cdot)$ 为符号函数；$\hat{e}_i$ 表示 $e(t+p)$ 或 $\Delta e(t+p)$ 的值；$\hat{\mu}_i$ 表示相应的模糊变量 E 或者 ΔE 的值；$\rho = \hat{\mu}_m/\hat{e}_m$，为输入量化因子 ρ_e 或者 $\rho_{\Delta e}$。

表 6-1 给出了由专家调节 PI 控制器参数的经验确定的模糊规则，其中 N、Z 和 P 分别代表负、零和正。根据 Mamdani 型模糊推理，规则 i（$i=1, 2, \cdots, 9$）可以表示为"如果 E 是 χ_1 并且 ΔE 是 χ_2，则 Δk_p 是 χ_3 且 Δk_i 是 χ_4"。其中，χ_n（$n=1, 2, 3, 4$）表示 N、Z 或者 P。

表 6-1 模糊规则表

$(\Delta k_{\mathrm p},\Delta k_{\mathrm i})$ ＼ ΔE ＼ E	N	Z	P
N	(N,Z)	(N,Z)	(N,Z)
Z	(N,P)	(Z,P)	(P,P)
P	(P,Z)	(P,Z)	(P,P)

对于 N、Z 和 P，隶属度函数分别是高斯、三角形和高斯。它们的形状如图 6-3 所示。在模糊化和去模糊化的过程中，每个输入变量和输出变量具有相同的模糊域和隶属度函数形状。

如图 6-3 所示，在零点（$\hat{\mu}_{\mathrm i}\in[-0.3,0.3]$）附近，两个语言变量 N 和 P 的隶属值小于 0.1。这意味着传统的模糊调整器在稳态值周围的状态变化缺乏有效的规则。这将严重影响所产生的模糊 PI 控制器减少过冲或处理突然干扰的能力。为了解决这一挑战，设计缩放因子以在线调整模糊输入域，即

$$\lambda(\hat{\mu}_{\mathrm i})=(|\hat{\mu}_{\mathrm i}|/\hat{\mu}_{\mathrm m})^{\kappa}+\varepsilon \tag{6-28}$$

式中，$\hat{\mu}_{\mathrm i}$ 表示在模糊论域内的模糊输入值；ε 是任意小的正值；κ 为正值且 $\kappa\in[0.5,1)$。

相应的模糊域定义为 $[-\hat{\mu}_{\mathrm m}\lambda(\hat{u}_{\mathrm i}),\hat{\mu}_{\mathrm m}\lambda(\hat{\mu}_{\mathrm i})]$，其中 λ 是论域 $\hat{\mu}_{\mathrm m}$ 的缩放因子。如图 6-4 所示，自调谐输入域可以间接增加当前输入周围的控制规则。定义 $g(\hat{e})$ 来表示输入 $\hat{e}$ 的缩放函数，即

$$\begin{cases} g(\hat{\mu}_{\mathrm i})=\hat{\mu}_{\mathrm i}/\lambda(\hat{\mu}_{\mathrm i}) \\ \hat{\mu}_{\mathrm i}=M(\hat{e}(t+p)) \end{cases} \tag{6-29}$$

式中，$\hat{e}(t+p)$ 表示输入变量 $e(t+p)$ 和 $\Delta e(t+p)$。

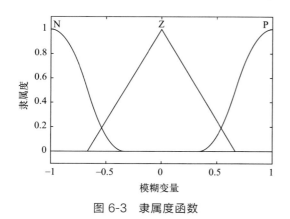

图 6-3 隶属度函数

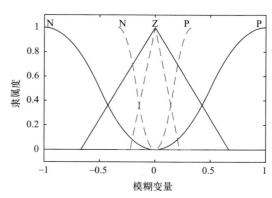

图 6-4 论域缩放的隶属度函数

实线代表初始函数，虚线代表论域缩放的函数

基于式(6-29) 和 Mamdani 型模糊推理，规则的开火度可通过式(6-30) 计算。

$$\begin{cases} \widetilde{f}_k(\widetilde{E}_k,\Delta\widetilde{E}_k) = \eta(\widetilde{E}_k) \wedge \eta(\Delta\widetilde{E}_k) \\ \widetilde{E}_k = M(e(t+p))/g(e(t+p)) \\ \Delta\widetilde{E}_k = M(\Delta e(t+p))/g(\Delta e(t+p)) \end{cases} \tag{6-30}$$

式中，$\eta(\cdot)$ 是当前输入 $\widetilde{E}_i$ 和 $\Delta\widetilde{E}_i$ 的隶属度；$\wedge$ 是最大算子；在本书中角标 k 表示 Δk_p 或者 Δk_i。

采用重心法，可以获得模糊输出如下：

$$\widetilde{y}_k = \sum_{j=1}^{m} C_j \widetilde{f}_k(e(t+p),\Delta e(t+p)) / \sum_{j=1}^{m} \widetilde{f}_k(e(t+p),\Delta e(t+p)) \tag{6-31}$$

式中，$\widetilde{y}_k$ 表示比例增益调整（$\widetilde{y}_{\Delta k_p}$）的模糊输出或积分增益调整（$\widetilde{y}_{\Delta k_i}$）的模糊输出；$C_j$ 表示模糊域上的离散变量值。

最后，依赖于输出量化因子，模糊输出映射到实际控制域。自然域中的 PI 参数调整值计算如下：

$$\begin{cases} \Delta k_p(t) = \alpha\widetilde{y}_{\Delta k_p}(e(t+p),\Delta e(t+p)) \\ \Delta k_i(t) = \beta\widetilde{y}_{\Delta k_i}(e(t+p),\Delta e(t+p)) \end{cases} \tag{6-32}$$

式中，α 和 β 是输出量化因子。

基于式(6-32)，自适应模糊 PI 控制参数可以表示为

$$\begin{cases} \hat{k}_p(t) = k_{p0} + \alpha\widetilde{y}_{\Delta k_p}(e(t+p),\Delta e(t+p)) \\ \hat{k}_i(t) = k_{i0} + \beta\widetilde{y}_{\Delta k_i}(e(t+p),\Delta e(t+p)) \end{cases} \tag{6-33}$$

通过引入缩放因子来在线调整输入域，间接增加了调整当前系统状态的模糊规则的数量。以这种方式，基于该方案的自适应模糊 PI 控制器可以根据常规规则处理工业机器人伺服驱动系统的复杂非线性动态，这可以进一步提高所得系统对外部转矩干扰和参数不确定性的鲁棒性。基于预测信息的预调谐机制可确保时间延迟系统的响应性能。

6.3.3　新型自抗扰 PI 控制器

为了处理输入饱和，给出限制控制信号幅度的非线性函数 $\mathrm{sat}(\cdot)$。

$$i_{qr}(t) = \hat{k}_p(t)e(t) + \hat{k}_i(t)\int e(t)\mathrm{d}t \tag{6-34}$$

$$\mathrm{sat}(i_{qr}(t)) = \begin{cases} i_{q\max}, & i_{qr}(t) > i_{q\max} \\ i_{qr}(t), & i_{q\min} < i_{qr}(t) < i_{q\max} \\ i_{q\min}, & i_{qr}(t) < i_{q\min} \end{cases} \tag{6-35}$$

式中，$i_{q\max}$ 和 $i_{q\min}$ 分别是 q 轴输入电流的上限和下限。

根据预测函数控制模块的预测信息，可以预先评估控制输出。

$$i_{qr}(t+z) = \hat{k}_{\mathrm{p}}(t+1)e(t+z) + \hat{k}_{\mathrm{i}}(t+1)\int_0^{t+z} e(t+z)\mathrm{d}t \tag{6-36}$$

式中，$z = 1, 2, \cdots, p$，p 表示预测步长。

结合式（6-34）～式（6-36），设计抗饱和 PI 控制器的参数更新规则如下：

$$A(t+1) = \begin{cases} A(t) + \Delta A(t) & i_{q\min} < i_q(t+z) < i_{q\max} \text{ 或} \\ & i_q(t+z) > i_{q\max} \text{ 且 } \Delta A(t) < 0 \text{ 或} \\ & i_q(t+z) < i_{q\min} \text{ 且 } \Delta A(t) > 0 \\ A(t) & i_q(t+z) > i_{q\max} \text{ 且 } \Delta A(t) > 0 \text{ 或} \\ & i_q(t+z) < i_{q\min} \text{ 且 } \Delta A(t) < 0 \end{cases} \tag{6-37}$$

对于 $\forall z \in \{1, \cdots, p\}$，式中 A 表示任意的控制参数，即 $\hat{k}_{\mathrm{p}}$ 或者 $\hat{k}_{\mathrm{i}}$。

由此，可获得抗饱和 PI 控制器的输出如下：

$$i_{qr}(t+1) = \begin{cases} k_{\mathrm{p}}(t+1)e(t) & i_{qr}(t+1) > i_{q\max}, e(t) > 0 \text{ 或} \\ & i_{qr}(t+1) < i_{q\min}, e(t) < 0 \\ \hat{k}_{\mathrm{p}}(t+1)e(t) + \hat{k}_{\mathrm{i}}(t+1)\int e(t)\mathrm{d}t & \text{其他} \end{cases}$$

$$\tag{6-38}$$

改进的抗饱和 PI 控制器提供了控制信号输出和 PI 参数的在线更新准则。具体地，首先基于式（6-36）预先评估 q 轴输入电流。只有当从 $i_{qr}(t+1)$ 到 $i_{qr}(t+p)$ 在内的所有输出都在允许间隔内时，才会更新控制增益；否则，将仅更新反向增益以应对输出饱和。并且，控制输出由式（6-38）所示积分分离原理确定。因此，能避免系统深入地陷入非线性饱和区域中。

6.4　基于频率响应的控制参数优化流程

图 6-5 给出了控制参数优化过程，包括离线预整定和在线优化。

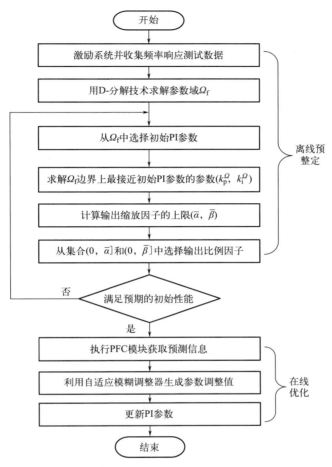

图 6-5　预测型模糊自适应 PI 控制方法的实现过程

6.4.1　基于 D-分解理论的稳定性和 H_∞ 鲁棒性分析

对于前文所提工业机器人伺服驱动系统，频率响应模型可以表示为

$$P(\mathrm{j}\omega) = N(\mathrm{j}\omega)/D(\mathrm{j}\omega) = R(\omega) + \mathrm{j}I(\omega) \tag{6-39}$$

式中，$\mathrm{j}^2 = -1$；ω 是角频率；$N(\mathrm{j}\omega)$、$D(\mathrm{j}\omega)$、$R(\omega)$ 和 $I(\omega)$ 分别代表频率响应的分子、分母、实部和虚部。

然后，预测型模糊自适应 PI 控制器的频域表达式为

$$C_{\mathrm{AFPIC}}(\mathrm{j}\omega) = \hat{k}_{\mathrm{p}}(1 + \hat{k}_{\mathrm{i}}/\mathrm{j}\omega) \tag{6-40}$$

式中，$\hat{k}_{\mathrm{p}}$ 和 $\hat{k}_{\mathrm{i}}$ 分别是自适应的比例增益和积分增益。

可以使用加权 H_∞ 性能标准评估系统的抗扰动能力。

$$J_{H\infty} = \max_{\omega \in [0,\infty)} |G_{yu}(j\omega)/j\omega| \leqslant \gamma \qquad (6\text{-}41)$$

式中，γ 是所需的有界扰动抑制水平；$1/j\omega$ 是加权频率；$G_{yu}(j\omega)$ 是干扰灵敏度函数，其可以通过联合式（6-39）和式（6-40）产生，即

$$G_{yu}(j\omega) = P(j\omega)/[1 + P(j\omega)C_{AFPIC}(j\omega)] \qquad (6\text{-}42)$$

为了促进稳定性和 H_∞ 鲁棒性条件的推导，提前给出以下定义。

定义 6-1 如果自适应的控制参数有界且使用任何控制参数的固定组合都使系统稳定，则自适应控制器下的系统稳定。

定义 6-2 使用自调谐控制器，如果使用任何固定的控制参数组合的系统满足干扰衰减索引（γ），则表示结果系统满足 H_∞ 干扰衰减指数（γ）。

然后，利用 D-分解理论，可得预测型模糊自适应 PI 控制系统的稳定性和 H_∞ 鲁棒性条件。

定理 6-1 给定 PMSM 驱动系统，如果 $\Omega_f = \Omega_s \cap \Omega_{H\infty}$ 和 $K \subseteq \Omega_f$，那么所提出的由式（6-33）确定的自适应模糊 PI 控制可以保证全局渐近稳定性，且具有抗扰动性能 $J_{H\infty} \leqslant \gamma$。其中，$\Omega_s$ 和 Ω_f 分别表示符合稳定性约束和 H_∞ 稳健约束 $J_{H\infty} \leqslant \gamma$ 的 PI 参数域；K 是由自适应模糊 PI 控制器生成的一组控制参数且 $K = \{k = [\hat{k}_p, \hat{k}_i] \mid k_{p0} - \alpha \leqslant \hat{k}_p \leqslant k_{p0} + \alpha, k_{i0} - \beta \leqslant \hat{k}_i \leqslant k_{i0} + \beta\}$。

证明： 根据 Mamdani 型模糊控制的基本原理，可知输出有界。对于前文的预测型模糊自适应 PI 控制器，自适应模糊调整器的模糊输出域是 $[-1, 1]$，即 $y_{\Delta k_p} \in [-1, 1]$ 和 $y_{\Delta k_i} \in [-1, 1]$。然后，由式（6-33）生成的自适应 PI 参数的相关区间分别被推导为 $\hat{k}_p \in [k_{p0} - \alpha, k_{p0} + \alpha]$ 和 $\hat{k}_i \in [k_{i0} - \beta, k_{i0} + \beta]$，即

$$K = \{k = [\hat{k}_p, \hat{k}_i] \mid k_{p0} - \alpha \leqslant \hat{k}_p \leqslant k_{p0} + \alpha, k_{i0} - \beta \leqslant \hat{k}_i \leqslant k_{i0} + \beta\} \qquad (6\text{-}43)$$

注意，通过分析闭环特性方程的零点分布，D-分解理论可以确定控制参数的变化范围，以满足受控系统的稳定性和鲁棒性要求。根据式（6-39）和式（6-40），可以给出 PMSM 速度控制系统的闭环特性方程，即

$$Q(\omega, \hat{k}_p, \hat{k}_i) = j\omega D(j\omega) + (\hat{k}_p j\omega + \hat{k}_i)N(j\omega) \qquad (6\text{-}44)$$

式中，$\omega \in [0, \infty)$。

结合 D-分解理论和式（6-44），在控制参数空间中定义稳定的边界轨迹，如下所示。

① 实根边界（$\partial D_0: \omega = 0$）。

将 $\omega = 0$ 代入式（6-44），可得 $\Delta(j\omega) = \hat{k}_i N(j\omega)$。因此，当 $N(j\omega) \neq 0$ 时，稳定边界为

$\hat{k}_i = 0$；否则，在 $\omega = 0$ 时没有边界。

② 无穷根边界 (∂D_∞ : $\omega = \infty$)。

当 $\omega = \infty$ 时，稳定性边界取决于控制系统和所施加的控制器之间的相对顺序。在本书中，不存在无穷根边界。

③ 复根边界 $[\partial D_\omega : \omega \in (0, +\infty)]$。

对于 $\omega \in (0, +\infty)$，特征方程式(6-44) 重写成

$$Q(\omega, \hat{k}_p, \hat{k}_i) = j\omega + (\hat{k}_p j\omega + \hat{k}_i)[R(\omega) + jI(\omega)] \tag{6-45}$$

使式(6-45) 的实部和虚部为零，则可得 PI 控制增益如下：

$$\begin{cases} \hat{k}_p = -R(\omega)/[R^2(\omega) + I^2(\omega)] \\ \hat{k}_i = -\omega I(\omega)/[R^2(\omega) + I^2(\omega)] \end{cases} \tag{6-46}$$

通过上述三个稳定边界 (∂D_0、∂D_∞ 和 ∂D_ω)，PI 参数稳定区域 (Ω_s) 被从整个参数空间割除。此外，来自稳定区域的特性方程在复杂平面的右平面中没有根，这意味着闭环系统的极点位于左平面。

同样地，通过 D-分解理论确定满足预期干扰衰减索引的参数域，其类似于稳定域的求解过程。对于式(6-41) 中描述的 PMSM 速度控制系统，特征方程是

$$\varphi(\omega, \hat{k}_p, \hat{k}_i, \gamma, \theta) = j\omega D(j\omega) + (\hat{k}_p j\omega + \hat{k}_i)N(j\omega) + e^{j\theta}N(j\omega)/\gamma \tag{6-47}$$

式中，$e^{j\theta} = \cos\theta + j\sin\theta$；$\theta \in [0, 2\pi)$；$\omega \in [0, \infty)$。

接着，满足 H_∞ 性能指标 $J_{H\infty} \leqslant \gamma$ 的参数域 $\Omega_{H\infty}$ 可以通过如下边界来确定。

① 实根边界 (∂H_0 : $\omega = 0$)。

将 $\omega = 0$ 代入式(6-47)，接着获得 $\varphi(\omega, \hat{k}_p, k_i, \gamma, \theta) = (e^{j\theta}/\gamma + \hat{k}_i)N(j\omega)$。因此，当 $N(j\omega) \neq 0$ 时，鲁棒边界为 $\hat{k}_i = \pm 1/\gamma$；否则当 $\omega = 0$ 时没有边界。

② 无穷根边界 (∂H_∞ : $\omega = \infty$)。

相似于稳定边界 ∂D_∞，不存在无穷根边界。

③ 复根边界 $[\partial H_\omega : \omega \in (0, +\infty)]$。

当 $\omega \in (0, +\infty)$，特征方程式(6-47) 被定义为

$$\begin{aligned} \varphi(\omega, \hat{k}_p, \hat{k}_i, \gamma, \theta) = & j\omega + (\hat{k}_p j\omega + \hat{k}_i)[R(\omega) + jI(\omega)] \\ & + (\cos\theta + j\sin\theta)[R(\omega) + jI(\omega)/\gamma] \end{aligned} \tag{6-48}$$

使式(6-48) 的实部和虚部为零，则可获得 PI 增益如下：

$$\begin{cases} \hat{k}_{\mathrm{p}} = -R(\omega)/[R^2(\omega)+I^2(\omega)] - \sin\theta/(\gamma\omega) \\ \hat{k}_{\mathrm{i}} = -\omega I(\omega)/[R^2(\omega)+I^2(\omega)] - \cos\theta/\gamma \end{cases} \tag{6-49}$$

回顾 Ω_{s} 和 $\Omega_{H\infty}$ 的设计过程，可知当 $K \subseteq \Omega_{\mathrm{f}}$ 和 $\Omega_{\mathrm{f}} = \Omega_{\mathrm{s}} \bigcap \Omega_{H\infty}$ 时，在 K 内的任何控制参数（k）都不仅可以确保系统稳定性，还可以满足干扰衰减指数式(6-41)。

因此，基于定义 6-1 和定义 6-2，可以证明所提出的由式(6-33)定义的自适应模糊 PI 控制可以确保全局渐近稳定性并具有抗干扰性能 $J_{H\infty} \leqslant \gamma$。至此，完成证明。

6.4.2 基于稳定性和 H_∞ 鲁棒性条件的初始参数的设计标准

参数域 Ω_{s} 和 $\Omega_{H\infty}$ 可以通过给定系统的频率响应获得。然后，再通过求解 Ω_{s} 和 $\Omega_{H\infty}$ 的交集来确定参数域 Ω_{f}。因此，预测型模糊自适应 PI 控制系统的稳定性和 H_∞ 鲁棒性主要取决于自适应模糊调整器的初始 PI 增益（k_{p0}，k_{i0}）和输出缩放因子（α，β）。自适应模糊 PI 控制器的稳定性和 H_∞ 稳健性条件可以通过初始参数的设计标准来表示。此设计标准包括以下步骤：

① 使用辨识的受控系统频率响应来求解参数域 Ω_{f}。

② 基于一些公认的规则［例如，Ziegler-Nichols(Z-N) 方法或差分进化算法］从 Ω_{f} 选择初始 PI 参数（k_{p0}，k_{i0}）。

③ 求解在 Ω_{f} 边界上最接近初始 PI 参数的参数，即（k_{p}^{Ω}，k_{i}^{Ω}）。

④ 计算输出量化因子的上限（$\overline{\alpha}$，$\overline{\beta}$）。

$$\begin{cases} \overline{\alpha} = |k_{\mathrm{p}}^{\Omega} - k_{\mathrm{p0}}| \\ \overline{\beta} = |k_{\mathrm{i}}^{\Omega} - k_{\mathrm{i0}}| \end{cases} \tag{6-50}$$

⑤ 从集合（0，$\overline{\alpha}$］和（0，$\overline{\beta}$］中确定输出比例因子。

如图 6-6 所示，自适应模糊 PI 控制生成的控制参数集 K 始终是稳定性和 H_∞ 鲁棒性条

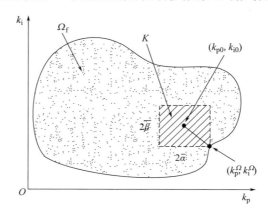

图 6-6 AFPI 控制器的初始控制参数空间和控制参数子集

件下 Ω_f 的子集。因此，设计标准保证了最终自适应模糊 PI 控制系统的闭环稳定性和 H_∞ 鲁棒性。

6.5　仿真实验

根据实际系统的控制结构和参数，在 MATLAB R2107a/Simulink 平台上建立了相应的仿真模型。在本节中，预测型模糊自适应 PI 控制方法应用于仿真模型和实际系统，以验证其实用性。为了比较，考虑传统的固定参数 PI 控制和模糊 PI（fuzzy PI）控制来分析瞬态响应、速度跟踪和抗干扰能力。

对于算法实现，预测步长设定为 3。权重因子 m_z（$z=0$，1，2）设置为 1/3。对于预测型模糊自适应 PI 控制器，自适应模糊调整器的参数定义为 $\rho_e = 5 \times 10^{-4}$，$\rho_{\Delta e} = 0.2$，$\varepsilon = 0.01$ 和 $\tau = 0.8$。为确保公平比较，模糊 PI 控制器和预测型模糊自适应 PI 控制器使用相同的控制参数。

在仿真中，预测函数控制模块的有效性首先在两个典型的输入信号（即阶跃和正弦速度命令）下进行验证。这两个信号是通常用于测试系统响应和跟踪精度的典型信号。然后，进行性能评估实验，以验证预测型模糊自适应 PI 控制方案在不同工况下的有效性。

（1）预测函数控制模块验证

在执行预测函数控制模块之前，需要通过离线开环识别实验建立预测函数。输入信号是伪随机二进制信号。给定的 q 轴电流输入和收集的相应输出如图 6-7 所示。然后，通过递归最小二乘算法和即时学习算法获得初始参数：$a = -1.003$，$b = 0.0533$。

首先选取幅值为 1000r/min 的阶跃信号作为指令信号。将 t 时刻阶跃响应的预测值与系统运行到该时刻的实际反馈值进行比较。根据图 6-8，预测的速度反馈值与实际值之间的最大误差出现在开始时，约为 16r/min。但是，最大误差仅为实际值（1000r/min）的 1.6%。值得一提的是，由于 PI 参数的自整定，预测的反馈值与实际值相比，不可避免地存在一定的偏差。预测函数控制模块可以对阶跃输入信号获得满意的预测精度。

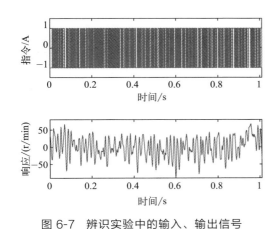

图 6-7　辨识实验中的输入、输出信号

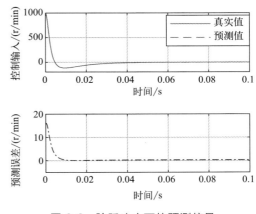

图 6-8　阶跃响应下的预测信号

然后，将正弦信号作为指令信号，幅值为 500r/min，频率为 5Hz。跟踪控制下的速度反馈值如图 6-9 所示。从中发现，预测函数控制方法仍然具有优良的预测精度。在所提 AF-PI 控制方法使用系统的跟踪误差方面，预测结果相对于实际结果的最大误差为 0.6334r/min，而实际跟踪误差约为 30.01r/min。这表明最低预测准确率在 97.9% 以上。因此，预测函数控制模块也满足动态输入条件。

（2）验证预测型模糊自适应 PI 控制方法的性能

如图 6-10 所示，首先根据图 6-5 中的设计方法离线识别控制增益 k_p 和 k_i 的稳定和 H_∞ 鲁棒的参数域。H_∞ 扰动衰减指数 γ 为 1。识别过程中采集的数据来自输入和输出信号，如图 6-7 所示。根据差分进化算法，初始参数定义为 $k_{p0}=2.6$ 和 $k_{i0}=12$。然后，通过初始参数的设计标准选择比例因子。模糊 PI 控制器和预测型模糊自适应 PI 控制器共享模糊调整器的相同初始参数，即 $\alpha=1.5$，$\beta=3$。

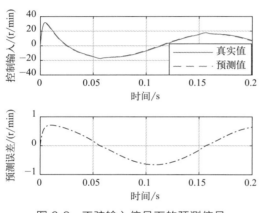

图 6-9　正弦输入信号下的预测信号

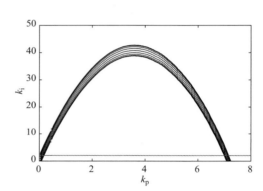

图 6-10　仿真系统的稳定及 H_∞ 鲁棒的参数域
（灰线和黑线包围的封闭区域）

图 6-11 显示了预测型模糊自适应 PI 控制器、模糊 PI 控制器和 PI 控制器下与瞬态响应性能相关的速度变化曲线。相应的控制器输出如图 6-12 所示。表 6-2 对比控制系统的性能指标总结了三个比较控制器的瞬态响应性能指标。对于稳定时间指标，模糊 PI 控制系统的值 25.9ms 明显小于固定参数 PI 控制系统的值 32.8ms。但是，在超调指数方面，两者的性能优势是相反的。这表明，模糊 PI 控制系统可以提高系统的响应性能，但也可能由于缺乏模糊规则和控制延迟而导致相对稳定性下降。然而，预测型模糊自适应 PI 控制器在稳定时间和过冲方面表现更好。预测型模糊自适应 PI 控制系统的最大超调量约占模糊 PI 控制系统的 58%，约占 PI 控制系统的 95.6%。预测型模糊自适应 PI 控制系统的稳定时间减少到模糊 PI 控制系统下的 1/2 和 PI 控制系统下的 1/3 左右。这表明带有预测型模糊自适应 PI 控制器的工业机器人伺服驱动系统可以具有卓越的瞬态响应性能。

同时，在 0.1s 时向工业机器人伺服驱动系统施加 2Nm 的外部负载，以验证所提出的控制器的负载变化调节能力。图 6-13 显示了三种比较控制系统在外部负载突然变化时的速度响应曲线。在恢复时间方面，PI 法、模糊 PI 法和预测型模糊自适应 PI 法的值分别为 23.7ms、

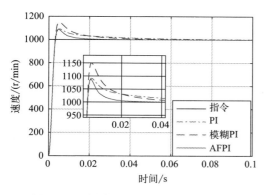

图 6-11　对比控制系统的瞬态响应曲线

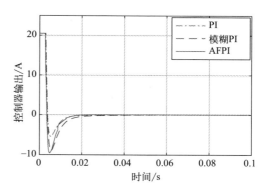

图 6-12　暂态响应的控制器输出

表 6-2　对比控制系统的性能指标

项目	性能指标	PI	模糊 PI	AFPI
暂态响应	上升时间/ms	3.3	3.1	3.2
	调整时间/ms	32.8	25.9	11.6
	最大超调/%	9.1	15	8.7
速度跟踪	最大误差/(r/min)	36.6	24.85	19.6
	根均方误差/(r/min)	26.3	18	14.2

17.4ms 和 4.2ms。同时，从图 6-14 中可以发现，所提出方案的控制器输出由于其优异的增益自整定能力，能够及时响应由外部负载引起的速度误差波动。这些结果表明，所提出的控制方案在提高工业机器人伺服驱动系统对不确定扰动的鲁棒性方面优于其他两种方案。

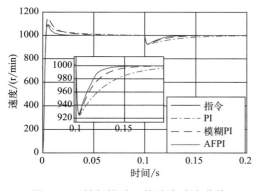

图 6-13　外部扰动下的速度响应曲线

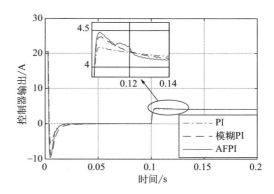

图 6-14　外部扰动下的控制器输出

三个比较控制器的跟踪性能如图 6-15 所示，其中输入速度命令是一个正弦信号，幅值为 1000r/min，频率为 5Hz。作为进一步观察，图 6-16 和图 6-17 分别显示了相应的控制器输出和速度跟踪误差。如图 6-15 所示，使用预测型模糊自适应 PI 控制器的系统的速度跟踪曲线更接近指令曲线。特别是，根据图 6-17 所示速度跟踪误差的结果，PI 控制系统的速度跟踪误差约为预测型模糊自适应 PI 系统的两倍。表 6-2 给出了相应的误差性能指标。这些结果表明预测型模糊自适应 PI 控制器在跟踪性能方面也表现良好。

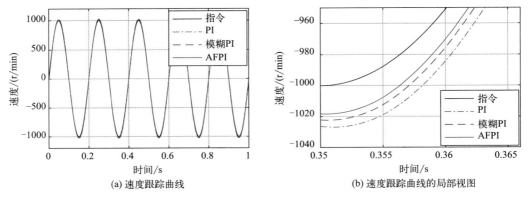

(a) 速度跟踪曲线　　　　　　　　(b) 速度跟踪曲线的局部视图

图 6-15　对比控制系统的速度跟踪曲线

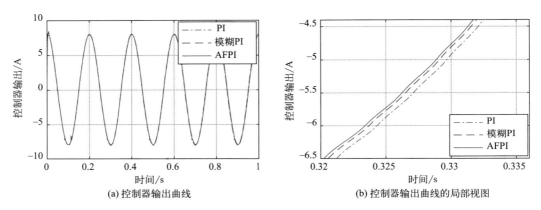

(a) 控制器输出曲线　　　　　　　(b) 控制器输出曲线的局部视图

图 6-16　速度跟踪仿真实验中的控制器输出

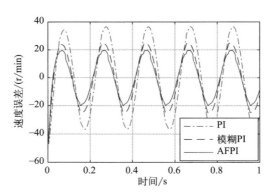

图 6-17　对比控制系统的速度跟踪误差

第7章
工业机器人参数标定与优化实践

7.1 工业机器人运动学参数标定实践

本章将介绍工业机器人标定中的尖点标定方法，其具有价格低廉、易操作、不限制场地等优点。具体方法为：通过示教器控制机器人末端在空间中移动，使安装在手腕末端的标准试件末端以不同姿态 20 次到达空间同一点，并记录下 20 组关节角度，建立标定模型，通过 PSO 智能算法辨识机器人的关节误差和工具的尺寸。

7.1.1 误差建模

华数 HST-JR612 型工业机器人具有六个自由度，且全部为转动关节；采用高刚性手臂、先进伺服，运动速度快；重复定位精度高达 ±0.06mm，运动半径为 1555mm。华数 HST-JR612 型工业机器人的构型如图 7-1 所示，用于尖点对齐的探针装在机器人末端。根据经典 DH 法则建立的连杆坐标系如图 7-2 所示，各个连杆运动学参数如表 7-1 所示。机器人的运动学参数误差包括 Δa_i、$\Delta \alpha_{i-1}$、Δd_i 及 $\Delta \theta_i (i=1, 2, \cdots, 6)$。其中，$\Delta a_i$ 表示实际连杆长度与初始连杆长度之间的差值，$\Delta \alpha_{i-1}$ 表示实际连杆扭角与初始连杆扭角之间的差值，Δd_i 表示实际关节偏置与初始关节偏置之间的差值，$\Delta \theta_i$ 表示实际关节夹角与初始关节夹角之间的差值。经过正向运动学，

图 7-1 华数 HST-JR612
型工业机器人

可得到探针末端的位置矢量为

$$
\begin{cases}
p_x = \cos\theta_1 \{ a_2\cos\theta_2 + [a_3 - (d_6 + d_F)\cos\theta_4\cos\theta_5]\cos(\theta_2 + \theta_3) - \\
\quad [d_4 + (d_6 + d_F)\cos\theta_5]\sin(\theta_2 + \theta_3) \} - d_2\sin\theta_1 \\
p_y = \sin\theta_1 \{ a_2\cos\theta_2 + [a_3 - (d_6 + d_F)\cos\theta_4\cos\theta_5]\cos(\theta_2 + \theta_3) - \\
\quad [d_4 + (d_6 + d_F)\cos\theta_5]\sin(\theta_2 + \theta_3) \} + d_2\cos\theta_1 \\
p_z = -[a_3 - (d_6 + d_F)\cos\theta_4\cos\theta_5]\sin(\theta_2 + \theta_3) - a_2\sin\theta_2 - \\
\quad [d_4 + (d_6 + d_F)\cos\theta_5]\cos(\theta_2 + \theta_3)
\end{cases}
\tag{7-1}
$$

式中，d_F 为探针长度，为已知量；p_x、p_y、p_z 分别为所述工具中心在 X 轴、Y 轴、Z 轴的值。

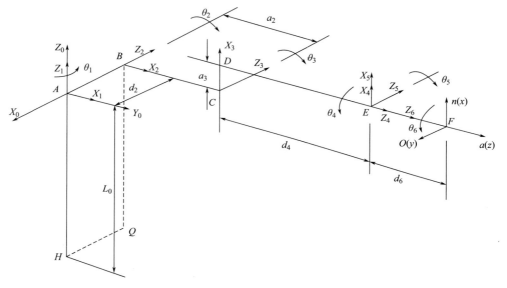

图 7-2　华数 HST-JR612 型工业机器人各连杆坐标系

表 7-1　HST-JR612 型工业机器人的连杆参数

i	a_{i-1}/mm	$\alpha_{i-1}/(°)$	d_i/mm	$\theta_i/(°)$	参数值/mm
1	0	0	0	θ_1	
2	0	90	d_2	θ_2	$a_2 = 432$
3	a_2	0	0	θ_3	$a_3 = 20.3$
4	a_3	90	d_4	θ_4	$d_2 = 149.1$
5	0	−90	0	θ_5	$d_4 = 433.1$
6	0	90	d_6	θ_5	$d_6 = 50$

7.1.2　位置测量

探针装在工业机器人第六轴关节的法兰盘上，探针对称中心线与第六轴轴心线重合，如图 7-3 所示。操作机器人以使机器人的工具中心以不同的姿态围绕固定尖点旋转 20 次，如图 7-4 所示；工具中心与固定点接触，并由机器人的示教器记录下对应的 20 组关节变量值，如图 7-5 所示。最终能够得到多组关节数据 $\begin{bmatrix} \theta_1^j & \theta_2^j & \theta_3^j & \theta_4^j & \theta_5^j & \theta_6^j \end{bmatrix}$，$j\,(1 \leqslant j \leqslant 20)$ 表示关节变量的序号。

图 7-3　工业机器人末端的探针

图 7-4　机器人末端定点
变姿态测量示意图

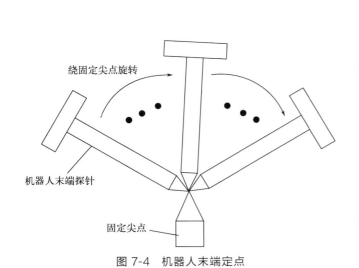

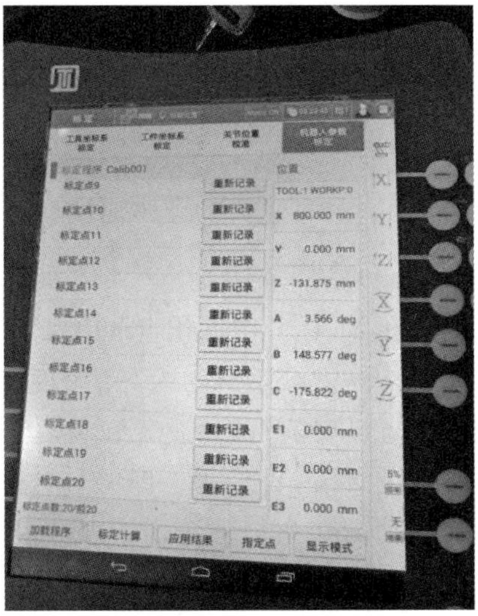

图 7-5　工业机器人示教器记录
多组关节角度数据

7.1.3　误差辨识

初始连杆参数中的部分连杆长度、连杆扭角、关节偏置的值为 0，不对参数值为 0 的连杆参数进行标定，并且因为所述第六关节的关节夹角几何误差对位置精度的影响较小，因此暂不对 $\Delta\theta_6$ 进行标定，即需要标定的集合参数误差包括 Δa_2、Δa_3、Δd_2、Δd_4、Δd_6 及 $\Delta\theta_i(i=1,2,\cdots,5)$。由于运动学参数存在误差，工具中心的实际位置将与名义位置产生偏差，工具中心的实际位置 $\boldsymbol{P}=[p_x,p_y,p_z]$ 可通过式(7-2) 计算，即

$$\begin{cases}
p_x = \cos\theta_1^*\{a_2^*\cos\theta_2^* + [a_3^* - (d_6^* + d_F)\cos\theta_4^*\cos\theta_5^*]\cos(\theta_2^* + \theta_3^*) - \\
\qquad [d_4^* + (d_6^* + d_F)\cos\theta_5^*]\sin(\theta_2^* + \theta_3^*)\} - d_2^*\sin\theta_1^* \\
p_y = \sin\theta_1^*\{a_2^*\cos\theta_2^* + [a_3^* - (d_6^* + d_F)\cos\theta_4^*\cos\theta_5^*]\cos(\theta_2^* + \theta_3^*) - \\
\qquad [d_4^* + (d_6^* + d_F)\cos\theta_5^*]\sin(\theta_2^* + \theta_3^*)\} + d_2^*\cos\theta_1^* \\
p_z = -[a_3^* - (d_6^* + d_F)\cos\theta_4^*\cos\theta_5^*]\sin(\theta_2^* + \theta_3^*) - a_2^*\sin\theta_2^* - \\
\qquad [d_4^* + (d_6^* + d_F)\cos\theta_5^*]\cos(\theta_2^* + \theta_3^*)
\end{cases} \tag{7-2}$$

式中，$\theta_i^* = \theta_i + \Delta\theta_i(i=1,2,3,4,5)$；$a_i^* = a_i + \Delta a_i(i=2,3)$，$d_i^* = d_i + \Delta d_i(i=2,4,6)$。

利用粒子群智能算法求解参数误差，其中输入变量为多组关节数据，即 $[\theta_1^j\ \theta_2^j\ \theta_3^j\ \theta_4^j\ \theta_5^j\ \theta_6^j]$（$1 \leqslant j \leqslant 50$），输出变量为一组最优的误差补偿值 Δa_2、Δa_3、Δd_2、Δd_4、Δd_6、$\Delta\theta_i(i=1,2,\cdots,5)$，并设置适应度函数为

$$H = \sum_{j=1}^{20} |\boldsymbol{P}^j - \overline{\boldsymbol{P}}| \tag{7-3}$$

式中，$\overline{\boldsymbol{P}} = \sum_{j=1}^{20} \boldsymbol{P}^j / 20$；$H$ 的值可以用来评价误差补偿值的优劣程度，H 的值越小，误差补偿值的结果越优。

可在 Matlab 中调用 PSO 智能算法即 PSOt 工具箱，该工具箱将 PSO 算法的核心部分封装起来，提供给用户的为算法的可调参数，用户只需要定义好自己需要优化的函数（计算最小值或者最大值），并设置好函数自变量的取值范围、每步迭代允许的最大变化量（称为最大速度，Max_V）等，即可自行优化。

PSO 辨识机器人运动学参数的 Matlab 仿真程序如下。

（1）主程序

```
clear all
a2_range = [-2,2];% 参数误差范围
a3_range = [-2,2];
```

```
d2_range = [-2,2];
d4_range = [-2,2];
d6_range = [-2,2];
theta1_range = [-deg2rad(2),deg2rad(2)];
theta2_range = [-deg2rad(2),deg2rad(2)];
theta3_range = [-deg2rad(2),deg2rad(2)];
theta4_range = [-deg2rad(2),deg2rad(2)];
theta5_range = [-deg2rad(2),deg2rad(2)];
range = [a2_range;a3_range;d2_range;d4_range;d6_range;theta1_range;theta2_range;theta3_
range;theta4_range;theta5_range]; % 参数变化范围(组成矩阵)
Max_V = 0.2 * (range(:,2)-range(:,1)); % 最大速度取变化范围的 10 % ～20 %
n = 10; % 待优化函数的维数
Pdef = [1 50 1000 2 2 0.9 0.4 750 0.1 250 NaN 0 0];
offset = pso_Trelea_vectorized('test_Calib',n,Max_V,range,0,Pdef); % 调用 PSO 核心模块
% P(1),为在 matlab 命令窗进行显示的间隔数,取值为 100 表示每迭代 100 次显示一次;若取值为 0,则
不显示中间过程
% P(2),表示最大迭代次数,即即使算法不收敛,到此数后也自动停止
% P(3),种子数,即初始化多少个种子
% 种子数越多,越有可能收敛到全局最优值,但算法收敛速度慢
offset = [offset(1) offset(2) offset(3) offset(4) offset(5) rad2deg(offset(6)) rad2deg(offset
(7)) rad2deg(offset(8)) rad2deg(offset(9)) rad2deg(offset(10))]
```

（2）子程序 1

```
function H = Calib_func(offset)
% 20 组定点变姿态关节角数据
theta = []; % 实际的关节角度
% 误差参数名义值
aa = [0,pi/2,0,pi/2,-pi/2,pi/2];
a = [0,0,432,20.3,0,0];
d = [0,149.1,0,33.1,0,50];
dF = 80; % 探针的长度,此值需要根据实际测量数据而定
% 输入 PSO 搜索值
da2 = offset(1);
da3 = offset(2);
dd2 = offset(3);
dd4 = offset(4);
dd6 = offset(5);
dtheta1 = deg2rad(offset(6));
dtheta2 = deg2rad(offset(7));
dtheta3 = deg2rad(offset(8));
dtheta4 = deg2rad(offset(9));
```

```
dtheta5 = deg2rad(offset(10));
% 补偿参数误差
a_e = a + [0 0 da2 da3 0 0];
d_e = d + [0 dd2 0 dd4 0 dd6];
for j = 1:length(theta)
theta_e(j,:) = [theta(j,1) theta(j,2) theta(j,3) theta(j,4) theta(j,5) theta(j,6)] + [dtheta1 dtheta2 dtheta3 dtheta4 dtheta5 0];
end
% 工具中心点实际位置
for j = 1:length(theta)
px(j,1) = cos(theta_e(j,1)) * ( a_e(2) * cos(theta_e(j,2)) + (a_e(3)-(d_e(6) + dF) * cos(theta_e(j,4)) * cos(theta_e(j,5))) * cos(theta_e(j,2) + theta_e(j,3)) - (d_e(4) + (d_e(6) + dF) * cos(theta_e(j,5))) * sin(theta_e(j,2) + theta_e(j,3)) ) - d_e(2) * sin(theta_e(j,1)) ;
py(j,2) = sin(theta_e(j,1)) * ( a_e(2) * cos(theta_e(j,2)) + (a_e(3)-(d_e(6) + dF) * cos(theta_e(j,4)) * cos(theta_e(j,5))) * cos(theta_e(j,2) + theta_e(j,3)) - (d_e(4) + (d_e(6) + dF) * cos(theta_e(j,5))) * sin(theta_e(j,2) + theta_e(j,3)) ) + d_e(2) * cos(theta_e(j,1)) ;
pz(j,3) = -(a_e(3)-(d_e(6) + dF) * cos(theta_e(j,4)) * cos(theta_e(j,5))) * sin(theta_e(j,2) + theta_e(j,3)) - a_e(2) * sin(theta_e(j,2)) - (d_e(4) + (d_e(6) + dF) * cos(theta_e(j,5))) * cos(theta_e(j,2) + theta_e(j,3)) ;
end
% 20 组工具中心点位置均值
pxv = mean(px(:,1));
pyv = mean(py(:,1));
pzv = mean(pz(:,1));
% 适应度函数
for j = 1:length(theta)
h(j) = norm([px(j,1) py(j,2) pz(j,3)] -[pxv pyv pzv]);
end
H = sum(h);
```

（3）子程序 2

```
function z = test_Calib(in)
nn = size(in);
xyz = in(:,1:10);
nx = nn(1);
for i = 1:nx
rpara = xyz(i,:);
temp = Calib_func(rpara); % 待优化函数
z(i,:) = temp;
xyz(i,:) = rpara;
end
```

7.2　工业机器人控制参数优化实践

7.2.1　系统描述

一个典型的 n 自由度机械臂如图 7-1 所示，忽略外部扰动力矩，其动力学特性可描述为

$$\boldsymbol{M}(\boldsymbol{q})\ddot{\boldsymbol{q}} + \boldsymbol{C}(\boldsymbol{q}, \dot{\boldsymbol{q}})\dot{\boldsymbol{q}} + \boldsymbol{G}(\boldsymbol{q}) + \boldsymbol{F}(\dot{\boldsymbol{q}}) = \boldsymbol{\tau} \tag{7-4}$$

式中，$\boldsymbol{q}$ 为关节位移；$\dot{\boldsymbol{q}}$ 为关节速度；$\ddot{\boldsymbol{q}}$ 为关节加速度；$\boldsymbol{M}(\boldsymbol{q})$ 为惯性矩阵；$\boldsymbol{C}(\boldsymbol{q}, \dot{\boldsymbol{q}})$ 表示离心力和哥氏力；$\boldsymbol{G}(\boldsymbol{q})$ 为重力矩阵；$\boldsymbol{F}(\dot{\boldsymbol{q}})$ 表示摩擦力矩；$\boldsymbol{\tau}$ 为控制力矩。

由于存在多个关节，并且各个关节之间有紧密的耦合作用，所以机器人控制系统是典型的多输入多输出（MIMO）系统。不过，虽然关节的驱动和传动方式可以多种多样，但是在大多数工业机器人中，每个关节通常都会由一个单独的执行器施加力和力矩，同时采用一个位置传感器测量关节位移（关节旋转角度或移动距离）。因此，可以把每一个关节近似为一个单独的系统，将一个 n 自由度的机器人分解成 n 个独立的单输入单输出（SISO）控制系统。本书第 5 章和第 6 章给出了机器人单关节的运动控制及参数优化方案，本章将讨论多关节的轨迹跟踪控制。

基于计算力矩的比例微分（PD）控制是多关节轨迹跟踪控制的基本方案之一，控制率可设计为

$$\boldsymbol{\tau} = \boldsymbol{\tau}_a + \boldsymbol{u} \tag{7-5}$$

式中，$\boldsymbol{\tau}_a$ 是基于机器人动力学方程计算的前馈力矩，旨在补偿各关节直接的相互作用力矩；$\boldsymbol{u}$ 是利用 PD 控制率计算的反馈校正力矩，用于补偿轨迹偏差；下标 a 表示计算模型。

采用计算力矩法，前馈力矩 $\boldsymbol{\tau}_a$ 可设计为

$$\boldsymbol{\tau}_a = \boldsymbol{C}_a(\boldsymbol{q}, \dot{\boldsymbol{q}})\dot{\boldsymbol{q}} + \boldsymbol{G}_a(\boldsymbol{q}) + \boldsymbol{F}_a(\dot{\boldsymbol{q}}) \tag{7-6}$$

取轨迹跟踪误差为

$$\begin{cases} \boldsymbol{e}(t) = \boldsymbol{q}_{\mathrm{d}}(t) - \boldsymbol{q}(t) \\ \dot{\boldsymbol{e}}(t) = \dot{\boldsymbol{q}}_{\mathrm{d}}(t) - \dot{\boldsymbol{q}}(t) \end{cases} \tag{7-7}$$

式中，$\boldsymbol{q}_{\mathrm{d}}(t)$ 表示关节位移 $\boldsymbol{q}$ 的参考指令；$\dot{\boldsymbol{q}}_{\mathrm{d}}(t)$ 表示关节速度 $\dot{\boldsymbol{q}}$ 的参考指令。

进而，采用 PD 控制率，反馈校正力矩 $\boldsymbol{u}$ 可设计为

$$\boldsymbol{u} = \boldsymbol{M}_a(\boldsymbol{q})(\boldsymbol{K}_{\mathrm{p}}\boldsymbol{e}(t) + \boldsymbol{K}_{\mathrm{d}}\dot{\boldsymbol{e}}(t) + \ddot{\boldsymbol{q}}_{\mathrm{d}}(t)) \tag{7-8}$$

式中，K_p 和 K_d 分别为位置反馈增益矩阵和速度反馈增益矩阵；$\ddot{q}_d(t)$ 代表关节加速度 $\ddot{q}$ 的参考指令。

联立得

$$M(q)\ddot{q} + C(q, \dot{q})\dot{q} + G(q) + F(\dot{q}) = M_a(q)(K_p e(t) + K_d \dot{e}(t) + \ddot{q}_d(t)) \\ + C_a(q, \dot{q})\dot{q} + G_a(q) + F_a(\dot{q}) \quad (7\text{-}9)$$

如果计算模型和实际模型等效，即 $M(q) = M_a(q)$，$C(q, \dot{q}) = C_a(q, \dot{q})$，$G(q) = G_a(q)$，$F(\dot{q}) = F_a(\dot{q})$，则式(7-9) 可以简化为

$$K_p e(t) + K_d \dot{e}(t) + \ddot{e}_d(t) = 0 \quad (7\text{-}10)$$

式中，$\ddot{e}_d(t) = \ddot{q}_d(t) - \ddot{q}(t)$ 为关节加速度误差。

在式(7-10) 中，调整位置反馈增益 K_p 和速度反馈增益 K_d，可使它的特征根具有负实部，位置误差矢量由此趋近于零。

7.2.2 控制参数优化

（1）优化建模

在本章讨论的机器人多关节轨迹跟踪控制中，位置反馈增益 K_p 和速度反馈增益 K_d 是可调的控制参数。并且，由于上述误差矢量方程是解耦的，K_p 和 K_d 是对角矩阵，通过优化其位于一行的元素 $k_{p,i}$、$k_{d,i}$ 可调节机器人的多关节轨迹跟踪性能。

对于讨论的 n 自由度机械臂，K_p 和 K_d 可分别表示为

$$K_p = \begin{bmatrix} k_{d,1} & 0 & \cdots & 0 \\ 0 & k_{p,2} & \cdots & 0 \\ \vdots & \vdots & & \vdots \\ 0 & 0 & \cdots & k_{p,n} \end{bmatrix}_{n \times n} \text{和} \; K_d = \begin{bmatrix} k_{d,1} & 0 & \cdots & 0 \\ 0 & k_{d,2} & \cdots & 0 \\ \vdots & \vdots & & \vdots \\ 0 & 0 & \cdots & k_{d,n} \end{bmatrix}_{n \times n}。$$

由此，设计待优化问题的决策变量为 $x = [k_{p,1}, \cdots, k_{p,n}, k_{d,1}, \cdots, k_{d,n}]$。

不同的优化目标通常可以代表机器人的不同应用需求。为了机器人能实现较高的轨迹跟踪精度，同时尽可能减小关节转动误差对末端精度的影响，本章选用最小化关节误差绝对值之和作为优化目标。

综上，将机器人控制参数优化公式化为如下优化问题，即

$$\min J(x) = \sum_{i=1}^{n} |e_i(t)| \\ s.t.\, x \in \{x_{\min}, x_{\max}\} \quad (7\text{-}11)$$

式中，$\boldsymbol{x}_{\min}$ 和 $\boldsymbol{x}_{\max}$ 分别是决策变量 $\boldsymbol{x}$ 的下限和上限。

（2）优化求解

本章采用蝠鲼觅食优化算法（manta ray foraging optimization，MRFO）来求解式(7-11)所示优化问题。MRFO 算法模拟蝠鲼的觅食过程，并将蝠鲼的觅食方式分为链状觅食、气旋觅食和翻筋斗觅食三种方式。该算法对不同的捕食方法给出的数学模型如下。

在链状觅食过程中，蝠鲼个体的移动方向和步长取决于前一个个体的位置和当前的最优解。在该过程中，蝠鲼使用如下规则更新位置。

$$\boldsymbol{x}_i^{t+1}=\begin{cases}\boldsymbol{x}_i^t+r(\boldsymbol{x}_{\text{best}}^t-\boldsymbol{x}_i^t)+\alpha(\boldsymbol{x}_{\text{best}}^t-\boldsymbol{x}_i^t),&i=1\\\boldsymbol{x}_i^t+r(\boldsymbol{x}_{i-1}^t-\boldsymbol{x}_i^t)+\alpha(\boldsymbol{x}_{\text{best}}^t-\boldsymbol{x}_i^t),&i=2,3,\cdots,N\end{cases} \tag{7-12}$$

$$\alpha=2r\sqrt{|\ln r|} \tag{7-13}$$

式中，t 代表第 t 次迭代；i 代表种群中的第 i 个个体；$\boldsymbol{x}_i^t$ 代表第 t 次迭代中第 i 个个体的位置；$\boldsymbol{x}_{\text{best}}^t$ 为第 t 次迭代的最优个体；$r\in[0,1]$ 为随机数，α 为权值系数。

在气旋觅食过程中，蝠鲼形成长觅食链，以螺旋状向食物移动。个体将会受到它前面个体的影响。在此过程中，蝠鲼位置具有两种更新规则。

位置更新规则 1 如下：

$$\boldsymbol{x}_i^{t+1}=\begin{cases}\boldsymbol{x}_{\text{best}}^t+r(\boldsymbol{x}_{\text{best}}^t-\boldsymbol{x}_i^t)+\beta(\boldsymbol{x}_{\text{best}}^t-\boldsymbol{x}_i^t),&i=1\\\boldsymbol{x}_{\text{best}}^t+r(\boldsymbol{x}_{i-1}^t-\boldsymbol{x}_i^t)+\beta(\boldsymbol{x}_{\text{best}}^t-\boldsymbol{x}_i^t),&i=2,3,\cdots,N\end{cases} \tag{7-14}$$

$$\beta=2\exp\left(r_1\frac{T-t+1}{T}\right)\sin(2\pi r_1) \tag{7-15}$$

位置更新规则 2 如下：

$$\boldsymbol{x}_{\text{rand}}=\boldsymbol{x}_{\min}+r(\boldsymbol{x}_{\max}-\boldsymbol{x}_{\min}) \tag{7-16}$$

$$\boldsymbol{x}_i^{t+1}=\begin{cases}\boldsymbol{x}_{\text{rand}}+r(\boldsymbol{x}_{\text{rand}}-\boldsymbol{x}_i^t)+\beta(\boldsymbol{x}_{\text{rand}}-\boldsymbol{x}_i^t),&i=1\\\boldsymbol{x}_{\text{rand}}+r(\boldsymbol{x}_{i-1}^t-\boldsymbol{x}_i^t)+\beta(\boldsymbol{x}_{\text{rand}}-\boldsymbol{x}_i^t),&i=2,3,\cdots,N\end{cases} \tag{7-17}$$

在上述两个位置更新规则中，T 为最大迭代次数；$\boldsymbol{x}_{\text{rand}}$ 为随机位置；r，$r_1\in[0,1]$ 为随机数；β 为权重系数。取随机数 $r_{\text{and}}\in[0,1]$，如果 $t/T>r_{\text{and}}$，则使用位置更新规则 1 更新蝠鲼位置；否则，使用位置更新规则 2 更新蝠鲼位置。

在翻筋斗觅食过程中，蝠鲼使用当前的最优解作为翻筋斗的支点，与镜像当前的位置形成关系。在该过程中，蝠鲼位置规则如下：

$$\boldsymbol{x}_i^{t+1} = \boldsymbol{x}_i^t + S(r_2 \boldsymbol{x}_{\text{best}}^t - r_3 \boldsymbol{x}_i^t), \quad i = 1, 2, \cdots, N \tag{7-18}$$

式中，S 是决定蝠鲼翻筋斗范围的翻跟斗因子；r_2，$r_3 \in [0, 1]$ 为随机数。

与其他群算法类似，MRFO 在问题域内随机生成种群。在每次迭代中，个体随机选择链式觅食和气旋觅食来更新位置。然后，个体根据当前的最佳位置，通过翻筋斗觅食来更新其位置。最后，得到最佳个体的位置。其伪代码见算法 7-1。MRFO 可以在复杂空间中寻找最优解。

算法 7-1：MRFO 的基本结构

输入：种群大小 N，初始参数空间 L_{limit}，最大迭代次数 T

输出：最优解 $\boldsymbol{x}_{\text{best}}$

初始化{

    初始化种群 $\boldsymbol{x}_i (i = 1, 2, \cdots, N)$

    计算每个个体的适应度

    获得当前最优解 $\boldsymbol{x}_{\text{best}}$ }

主循环{

while($t < T$)

    for 每一个蝠鲼执行

        If($Flag < 0.5$)   // $Flag \in [0, 1]$ 为随机数，气旋觅食

            If($t/T > r_{\text{and}}$)

                利用式(7-14)和式(7-15)更新蝠鲼位置

            else

                利用式(7-16)和式(7-17)更新蝠鲼位置

            end if

        Else   //链状觅食

            利用式(7-12)和式(7-13)更新蝠鲼位置

        end if

    end for

    计算每个个体的适应度

    更新当前最优解 $\boldsymbol{x}_{\text{best}}$

    for 每一个蝠鲼   //执行翻筋斗觅食

        利用式(7-18)更新蝠鲼位置

    end for

    计算每个个体的适应度

    更新当前最优解 $\boldsymbol{x}_{\text{best}}$

    $t = t + 1$

end while}

返回最优解 $\boldsymbol{x}_{\text{best}}$

7.2.3 仿真实例

针对被控对象式(7-4)，忽略摩擦力矩，其动力学模型为

$$\begin{bmatrix} M_{11} & M_{12} \\ M_{21} & M_{22} \end{bmatrix} \begin{bmatrix} \dot{q}_1 \\ \dot{q}_2 \end{bmatrix} + \begin{bmatrix} C_{11} & C_{12} \\ C_{21} & C_{22} \end{bmatrix} \begin{bmatrix} \dot{q}_1 \\ \dot{q}_2 \end{bmatrix} + \begin{bmatrix} G_1 \\ G_2 \end{bmatrix} = \begin{bmatrix} \tau_1 \\ \tau_2 \end{bmatrix} \tag{7-19}$$

关键参数为

$$\begin{cases} M_{11} = m_1 l_{c1}^2 + m_2 (l_1^2 + l_{c2}^2 + 2 l_1 l_{c2} \cos q_2) + I_1 + I_2 \\ M_{12} = M_{21} = m_2 (l_{c2}^2 + l_1 l_{c2} \cos q_2) + I_2 \\ M_{22} = m_2 l_{c2}^2 + I_2 \end{cases}$$

$$\begin{cases} C_{11} = -m_2 l_1 l_{c2} \sin(q_2) \dot{q}_2 \\ C_{12} = -m_2 l_1 l_{c2} \sin(q_2)(\dot{q}_1 + \dot{q}_2) \\ C_{21} = m_2 l_1 l_{c2} \sin(q_2) \dot{q}_1 \\ C_{22} = 0 \end{cases}$$

$$\begin{cases} G_1 = (m_1 l_{c1} + m_2 l_1) g \cos(q_1) + m_2 l_{c2} g \cos(q_1 + q_2) \\ G_2 = m_2 l_{c2} g \cos(q_1 + q_2) \end{cases}$$

机械臂参数如表 7-2 所示。

表 7-2　机械臂参数

m_1	m_2	l_1	l_2	l_{c1}	l_{c2}	I_1	I_2
1kg	1kg	0.5m	0.5m	0.25m	0.25m	0.1kg·m²	0.1kg·m²

采用控制率式，取位置指令为 $q = 0.5\sin(2t)$，模型初始值为 $\begin{bmatrix} 0 & 1 & 0 & 1 \end{bmatrix}$，控制参数的范围为 $\begin{bmatrix} 0 & 0 \\ 0 & 0 \end{bmatrix} \leqslant \boldsymbol{K}_p \leqslant \begin{bmatrix} 5000 & 0 \\ 0 & 5000 \end{bmatrix}$ 和 $\begin{bmatrix} 0 & 0 \\ 0 & 0 \end{bmatrix} \leqslant \boldsymbol{K}_i \leqslant \begin{bmatrix} 3000 & 0 \\ 0 & 3000 \end{bmatrix}$，最大迭代次数设置为 20。仿真结果如图 7-6、图 7-7 所示。

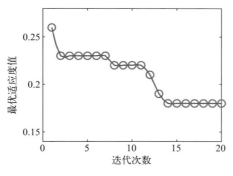

图 7-6　迭代收敛曲线

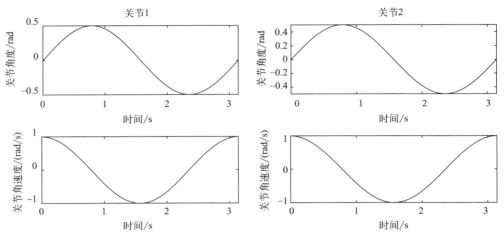

图 7-7　跟踪控制结果

仿真程序包括被优化系统和优化求解机制两个主模块，具体如下。

（1）被优化系统程序

① simulink 主程序：OptimizedSystem. slx。

simulink 主程序结构框图如图 7-8 所示。

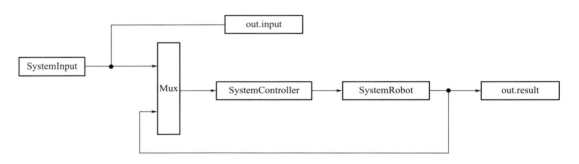

图 7-8　simulink 主程序结构框图

② 系统输入子程序：

```
function[sys,x0,str,ts] = SystemInput(t,x,u,flag)


switch flag
case 0
    [sys,x0,str,ts] = mdlInitializeSizes;
case 3
    sys = mdlOutputs(t,x,u);
case{2,4,9}
    sys = [];
otherwise
    error(['Unhandled flag = ',num2str(flag)]);
```

```
end

function[sys,x0,str,ts] = mdlInitializeSizes
sizes = simsizes;
sizes.NumOutputs = 6;
sizes.NumInputs = 0;
sizes.DirFeedthrough = 0;
sizes.NumSampleTimes = 1;
sys = simsizes(sizes);
x0  = [];
str = [];
ts  = [0 0];

function sys = mdlOutputs(t,x,u)
Amp = 0.5;
Fre = 2;
% 位置的参考指令
q1_d = Amp * sin(Fre * t);
q2_d = Amp * sin(Fre * t);

% 速度的参考指令
dq1_d = Fre * Amp * cos(Fre * t);
dq2_d = Fre * Amp * cos(Fre * t);

% 加速度的参考指令
ddq1_d = -Fre * Fre * Amp * sin(Fre * t);
ddq2_d = -Fre * Fre * Amp * sin(Fre * t);

% 输出
sys(1) = q1_d;
sys(2) = q2_d;
sys(3) = dq1_d;
sys(4) = dq2_d;
sys(5) = ddq1_d;
sys(6) = ddq2_d;
```

③ 控制器子程序:

```
function[sys,x0,str,ts] = SystemController(t,x,u,flag,PDparas)

switch flag
case 0
```

```
    [sys,x0,str,ts] = mdlInitializeSizes;
case 3
    sys = mdlOutputs(t,x,u,PDparas);
case {2,4,9}
    sys = [];
otherwise
    error(['Unhandled flag = ',num2str(flag)]);
end

function[sys,x0,str,ts] = mdlInitializeSizes
sizes = simsizes;
sizes.NumOutputs     = 2;
sizes.NumInputs      = 10;
sizes.DirFeedthrough = 1;
sizes.NumSampleTimes = 1;
sys = simsizes(sizes);
x0  = [];
str = [];
ts  = [0 0];

function sys = mdlOutputs(t,x,u,PDparas)
R1 = u(1); dr1 = u(3);   ddr1 = u(5);
R2 = u(2); dr2 = u(4);   ddr2 = u(6);



q1  = u(7); dq1  = u(8);
q2  = u(9); dq2  = u(10);


dq  = [q1;q2];
% * * * * * * * * * *计算力矩  Start * * * * * * * * *
% * * * * * * * * * *模型参数  Start * * * * * * *
g = 9.81;
m1 = 1;m2 = 1;
l1 = 0.5; l2 = 0.5;
lc1 = 0.25;lc2 = 0.25;
I1 = 0.1; I2 = 0.1;

m11 = m1 * lc1^2 + m2 * (l1^2 + lc2^2 + 2 * l1 * lc2 * cos(q2)) + I1 + I2;
m12 = m2 * (lc2^2 + l1 * lc2 * cos(q2)) + I2;
m21 = m12;
```

```
m22 = m2 * lc2^2 + I2;
M = [m11 m12;m21 m22];                % 惯性矩阵


h = -m2 * l1 * lc2 * sin(q2);
c11 = h * dq2;
c12 = h * dq1 + h * dq2;
c21 = -h * dq1;
c22 = 0;
C = [c11 c12;c21 c22]; %

G1 = (m1 * lc1 + m2 * l1) * g * cos(q1) + m2 * lc2 * g * cos(q1 + q2);
G2 = m2 * lc2 * g * cos(q1 + q2);
G = [G1;G2];                          % 重力矩阵


% * * * * * * * * * 模型参数　End * * * * * * * *
tol_a = C * dq + G;                   % 前馈力矩
% * * * * * * * * * * * 计算力矩　End * * * * * * * * * *


% * * * * * * * * * * PD 控制器　Start * * * * * * * * *
e1 = R1 - q1;
e2 = R2 - q2;
e = [e1; e2];

de1 = dr1-dq1;
de2 = dr2-dq2;
de = [de1;de2];


ddr = [ddr1;ddr2];


% get PD paras PDparas = [P1 D1 P2 D2]
Kpparas = [PDparas(1) PDparas(3)];
Kp = diag(Kpparas);
Kdparas = [PDparas(2) PDparas(4)];
Kd = diag(Kdparas);

u = M * (Kp * e + Kd * de + ddr);     % 反馈校正力矩


% * * * * * * * * * * PD 控制器　End * * * * * * * * *


tol = tol_a + u;                      % 控制力矩
```

```
sys(1) = tol(1);
sys(2) = tol(2);
```

④ 被控对象子程序：

```
function[sys,x0,str,ts] = SystemRobot(t,x,u,flag)
switch flag
case 0
    [sys,x0,str,ts] = mdlInitializeSizes;
case 1
    sys = mdlDerivatives(t,x,u);
case 3
    sys = mdlOutputs(t,x,u);
case{2,4,9 }
    sys = [];
otherwise
    error(['Unhandled flag = ',num2str(flag)]);
end
function[sys,x0,str,ts] = mdlInitializeSizes
sizes = simsizes;
sizes. NumContStates   = 4;
sizes. NumDiscStates   = 0;
sizes. NumOutputs      = 4;
sizes. NumInputs       = 2;
sizes. DirFeedthrough  = 0;
sizes. NumSampleTimes  = 1;
sys = simsizes(sizes);
x0  = [0;1;0;1];
str = [];
ts  = [0 0];
function sys = mdlDerivatives(t,x,u)

q1 = x(1);
dq1 = x(2);
q2 = x(3);
dq2 = x(4);
% * * * * * * * *模型参数   Start * * * * * * * *
g = 9. 81;
m1 = 1;m2 = 1;
l1 = 0. 5; l2 = 0. 5;
lc1 = 0. 25;lc2 = 0. 25;
I1 = 0. 1; I2 = 0. 1;
```

```
m11 = m1 * lc1^2 + m2 * (l1^2 + lc2^2 + 2 * l1 * lc2 * cos(q2)) + I1 + I2;
m12 = m2 * (lc2^2 + l1 * lc2 * cos(q2)) + I2;
m21 = m12;
m22 = m2 * lc2^2 + I2;
M = [m11 m12;m21 m22];                 % 惯性矩阵

h = -m2 * l1 * lc2 * sin(q2);
c11 = h * dq2;
c12 = h * dq1 + h * dq2;
c21 = -h * dq1;
c22 = 0;
C = [c11 c12;c21 c22];                 %

G1 = (m1 * lc1 + m2 * l1) * g * cos(q1) + m2 * lc2 * g * cos(q1 + q2);
G2 = m2 * lc2 * g * cos(q1 + q2);
G = [G1;G2];                           % 重力矩阵

% * * * * * * * * 模型参数   End * * * * * * * *

tol = [u(1) u(2)]';

ddq = inv(M) * (tol - C * [dq1;dq2]-G); % 动力学模型

sys(1) = x(2);
sys(2) = ddq(1);
sys(3) = x(4);
sys(4) = ddq(2);
functionsys = mdlOutputs(t,x,u)
sys(1) = x(1); % Angle1:q1
sys(2) = x(2); % Angle1 speed:dq1
sys(3) = x(3); % Angle2:q2
sys(4) = x(4); % Angle2 speed:dq2
```

（2）优化求解机制程序

① 优化求解主函数：

```
close all
clear
clc
tic

% 设置待优化参数的上下限
```

```
X_min = [0 0 0 0];% P1 D1 P2 D2
X_max = [5000    3000 5000 3000];
individualLength = length(X_min);% 决策变量的维度

% 设置算法的关键参数
SizeOfPop = 1;% 种群内多少个体
NumOfGen = 20;% 最多进化多少代

% 初始化种群
Pop_var = unifrnd(repmat(X_min,SizeOfPop,1),repmat(X_max,SizeOfPop,1));        % 大小 100x2
save('./InitPop/PopInit.mat','Pop_var');
% load('./InitPop/PopInit3.mat');
PopUpdate = zeros(SizeOfPop,individualLength);% 用于保存中间更新的个体

% 计算适应度
Pop_fit = OpGetFitness(Pop_var,X_min,X_max);
Pop_fit_best = zeros(NumOfGen,1);

% 获取最优个体
[xBestFitness,xBestRank] = min(Pop_fit);
xBest = Pop_var(xBestRank,:);
% 历史最优个体
xGBest = xBest;
xGbestFitness = xBestFitness;

% 迭代运行
for i = 1:1:NumOfGen
    Flag = rand(1);% 用于判断应该采用哪种觅食方式
    if Flag > 0.5
        % chain foraging
        % 计算系数
        r = rand();
        alpa = 2 * r * (abs(log(r)))^0.5;
        PopUpdate(1,:) = Pop_var(1,:) + r * (xBest-Pop_var(1,:)) + alpa * (xBest-Pop_var(1,:));
        PopUpdate(2:SizeOfPop,:) = Pop_var(2:SizeOfPop,:) + r * (Pop_var(1:(SizeOfPop-1),:)-Pop_var(2:SizeOfPop,:)) + alpa * (repmat(xBest,(SizeOfPop-1),1)-Pop_var(2:SizeOfPop,:));
        Lower = repmat(X_min,SizeOfPop,1);
        Upper = repmat(X_max,SizeOfPop,1);
        Pop_var = min(max(PopUpdate,Lower),Upper);
    else
```

```
        r_and = rand( );
        % 计算系数
        r = rand(1);
        r1 = rand(1);
        beta = 2 * exp(r1 * (NumOfGen-i + 1)/NumOfGen) * sin(2 * pi * r1);
        if (i/NumOfGen) > r_and
                % cyclone foraging 1
                PopUpdate(1,:) = xBest + r * (xBest-Pop_var(1,:)) + beta * (xBest-Pop_var(1,:));
                PopUpdate(2:SizeOfPop,:) = repmat(xBest,(SizeOfPop-1),1) + r * (Pop_var(1:
(SizeOfPop-1),:)-Pop_var(2:SizeOfPop,:)) + beta * (repmat(xBest,(SizeOfPop-1),1)-Pop_var(2:
SizeOfPop,:));
                Lower = repmat(X_min,SizeOfPop,1);
                Upper = repmat(X_max,SizeOfPop,1);
                Pop_var = min(max(PopUpdate,Lower),Upper);
        else
        % cyclone foraging 2
%               randPosition = randi(SizeOfPop);
%               Pop_var(randPosition,:) = X_min + r * (X_max-X_min);
%               xRand = Pop_var(randPosition,:);
                xRand = X_min + r * (X_max-X_min);
                PopUpdate(1,:) = xRand + r * (xRand-Pop_var(1,:)) + beta * (xRand-Pop_var(1,:));
                PopUpdate(2:SizeOfPop,:) = repmat(xRand,(SizeOfPop-1),1) + r * (Pop_var(1:
(SizeOfPop-1),:)-Pop_var(2:SizeOfPop,:)) + beta * (repmat(xRand,(SizeOfPop-1),1)-Pop_var(2:
SizeOfPop,:));
                Lower = repmat(X_min,SizeOfPop,1);
                Upper = repmat(X_max,SizeOfPop,1);
                Pop_var = min(max(PopUpdate,Lower),Upper);
        end
    end


    % 更新适应度
    Pop_fit = OpGetFitness(Pop_var,X_min,X_max);


    % 计算最优个体
    [xBestFitness,xBestRank] = min(Pop_fit);
        xBest = Pop_var(xBestRank,:);


    % 更新历史最优个体
    if xBestFitness < xGbestFitness
            xGBest = xBest;
```

```
            xGbestFitness = xBestFitness；
    end


    % somersault foraging
    r2 = rand()；
    r3 = rand()；
    S = 2；
    for m = 1：1：SizeOfPop
            PopUpdate(m,:) = Pop_var(m,:) + S * (r2 * xBest-r3 * Pop_var(m,:))；
            PopUpdate(m,:) = min(max(PopUpdate(m,:),X_min),X_max)；
    end
    Pop_var = PopUpdate；


    % 更新适应度
    Pop_fit = OpGetFitness(Pop_var,X_min,X_max)；


    % 计算最优个体
    [xBestFitness,xBestRank] = min(Pop_fit)；
    xBest = Pop_var(xBestRank,:)；


    % 更新历史最优个体
    if xBestFitness < xGbestFitness
            xGBest = xBest；
            xGbestFitness = xBestFitness；
    end


    % 记录最优的适应度
        Pop_fit_best(i) = xGbestFitness；
    end


    % plot
    ResultsShow(NumOfGen,Pop_fit_best,xGBest)；


    toc
```

② 适应度评价子函数：

```
function Fitness = OpGetFitness( Pop,lower,upper) % 根据优化目标计算种群适应度 pop:种群 lower:决策空间下限 upper:决策空间上限


    % 控制种群在规定范围内
    Num = size(Pop,1)；
```

```
Lower = repmat(lower,Num,1);
Upper = repmat(upper,Num,1);
Pop = min(max(Pop,Lower),Upper);

Fitness = zeros(Num,1);

%计算每个个体适应度
for i = 1:1:Num
    Paras = Pop(i,:);    % 大小 1x2
    error = OpSystemTest(Paras);
    Fitness(i,:) = sum(error(:));
end

%圆整
Fitness(:,1) = round(Fitness(:,1),2);
end
```

③ 系统测试子函数：OpSystemTest。

```
functionerror = OpSystemTest(Paras)
%计算每个个体适应度 Paras:控制器系数

%获取个体参数
PDparas = Paras;

%向仿真系统传入参数,会直接从工作区的变量表中读取数据
assignin('base','PDparas',PDparas);

%运行系统
simout = sim('OptimizedSystem');    % Time:当前时间 State:状态向量 Output:输出

%仿真结果
simInput   = simout.input(:,1:2);
simRes     = [simout.result(:,1) simout.result(:,3)];

%计算适应度
error = abs(simRes-simInput);

end
```

参考文献

［1］ Nubiola A，Slamani M，Bonev I A. A new method for measuring a large set of poses with a single telescoping ballbar ［J］. Precision Engineering，2013，37（2）：451-460.

［2］ Goswami A，Quaid A，Peshkin M. Complete parameter identification of a robot from partial pose information ［C］//IEEE International Conference on Robotics and Automation，1993.

［3］ Meggiolaro M A，Scriffignan G，Dubowsky S. Manipulator calibration using a single endpoint contact constraint ［C］//The 26th Biennial Mechanic Robot Conference，2000.

［4］ Zhu Q，Xie X，Li C，et al. Kinematic self-calibration method for dual-manipulators based on optical axis constraint ［J］. IEEE Access，2018，7：7768-7782.

［5］ Chen H，Fuhlbrigge T，Choi S，et al. Practical industrial robot zero offset calibration ［C］//IEEE Conference on Automation Science and Engineering，2008.

［6］ 莫仁芸. 基于 PSD 的激光位移传感器的研制 ［D］. 长春：中国科学院长春光学精密机械与物理研究所，2010.

［7］ Joubair A，Bonev I A. Kinematic calibration of a six-axis serial robot using distance and sphere constraints ［J］. International Journal of Advanced Manufacturing Technology，2015，77（1-4）：515-523.

［8］ Manipulating industrial robots-performance criteria and related test methods：ISO 9283：1998 ［S］.

［9］ 工业机器人性能规范及其试验方法：GB/T 12642-2013 ［S］.

［10］ Li F，Zeng Q，Ehmann K F，et al. A calibration method for overconstrained spatial translational parallel manipulators ［J］. Robotics and Computer-Integrated Manufacturing，2019，57：241-254.

［11］ 谢核. 机器人加工几何误差建模及工程应用 ［D］. 武汉：华中科技大学，2019.

［12］ 周学才，张启先. 一种新的机器人机构距离误差模型及补偿算法 ［J］. 机器人，1991，13（1）：44-49.

［13］ Schneider U，Olofsson B R，So Rnmo O，et al. Integrated approach to robotic machining with macro/micro-actuation ［J］. Robotics and Computer-Integrated Manufacturing，2014，30（6）：636-647.

［14］ Lightcap C，Hamner S，Schmitz T，et al. Improved positioning accuracy of the PA10-6CE robot with geometric and flexibility calibration ［J］. IEEE Transactions on Robotics，2008，24（2）：452-456.